科学探索丛书 KEXUE TANSUO CONGSHU

地球未解之谜

DIQIU WEIJIE ZHIMI

陈敦和　主编

U0198273

上海科学技术文献出版社
Shanghai Scientific and Technological Literature Press

图书在版编目(CIP)数据

地球未解之谜/陈敦和主编.—上海:上海科学技术文献出版社,2019
(科学探索丛书)
ISBN 978-7-5439-7900-0

Ⅰ.①地…　Ⅱ.①陈…　Ⅲ.①地球—普及读物
Ⅳ.①P183-49

中国版本图书馆CIP数据核字(2019)第081262号

组稿编辑:张　树
责任编辑:王　珺
助理编辑:朱　延

地球未解之谜

陈敦和　主编

*

上海科学技术文献出版社出版发行
(上海市长乐路746号　邮政编码200040)
全国新华书店经销
四川省南方印务有限公司印刷

*

开本700×1000　1/16　印张10　字数200 000
2019年8月第1版　2020年10月第3次印刷
ISBN 978-7-5439-7900-0
定价:39.80元
http://www.sstlp.com

版权所有,翻印必究。若有质量印装问题,请联系工厂调换。

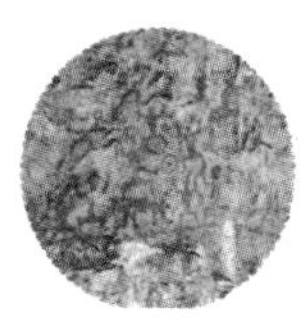

前言 Preface

地球是我们人类赖以生存的家园。人类的脚步曾踏遍地球的万水千山，天空、陆地、水底，几乎无处没有人类活动的身影，很多人自诩：人类战胜了大自然，已成为地球的主人！

事实真的如此吗？不是！确实不是！

地球有太多的谜团，至今为人类所无法破解，即便在科学技术飞速发展的今天，人们仍然无法解开这些谜题。

谁是地球的母亲？为什么诸多星球中，只发现地球上有如此多的水？地球上的极光现象怎么解释？地球的中心为什么涌动着致命的岩浆，它们从何处而来？百慕大三角、死海、杀人湖、游移的罗布泊、有净化功能的恒河、令人迷惑的无底洞、神秘怪异的北纬30度：天坑、陨石、陨冰……这些诡异之地、神秘的天外来客，无一不挑战着现代科学。为了帮助人们更好地了解地球，探知地球上诸多的谜团，我们精心编撰了这本《地球未解之谜》。全书以探索的眼光和全新的视角，运用准确、生动的文字，配以精美的图片，带领人们走进地球上的神秘角落，感知地球的神奇！

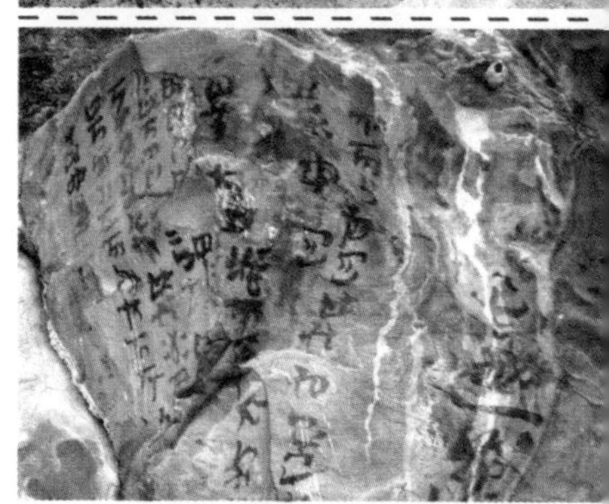

目录 Contents

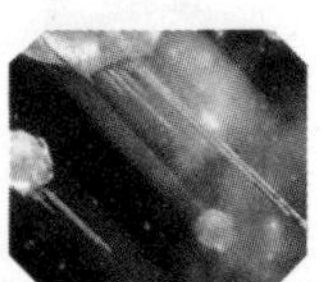

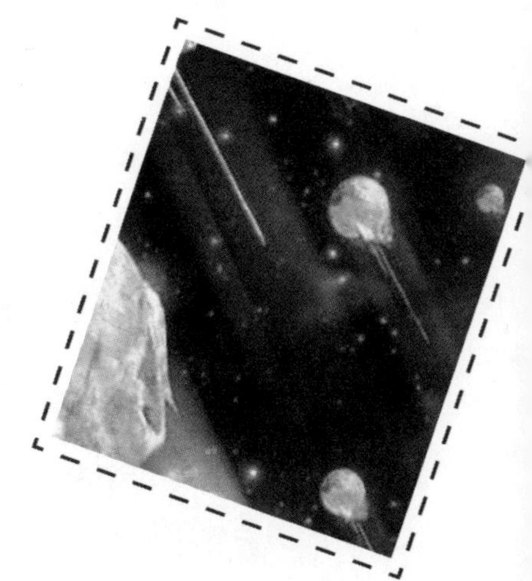

科学探索丛书

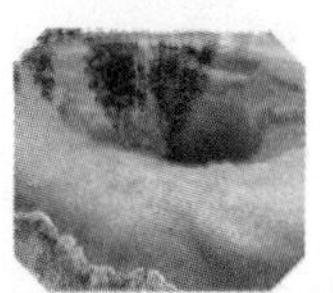

第一章

地球不能说的秘密

地球从哪里来？地球上的水从哪里来？地球为什么会有磁场？地球外围的大气层是怎样形成的？大陆、大洋板块怎样变化才形成地球今天的模样，其变化的推动力是什么……对于地球讳莫如深的身世之谜，我们只能探索。

地球身世之谜——究竟是谁创造了世界

概　述

究竟是谁创造了我们今天的地球，真的是传说中的上帝吗？这个谜题一直在缠绕着人们，而人类自己也正在努力从各种角度、各种途径寻找问题的答案，希望能有一天揭开这个谜题，寻找到创世纪的“上帝”。

孕育人类及其他生命的地球是如何形成的？长期以来，人类一直在通过各种途径寻求着这个问题的答案。早在18世纪，法国生物学家布封就用他的彗星说指出了上帝创世纪这个神话传说的不合理性。随着科学技术的不断发展，人类对地球成因的研究也将不断深化，人类用很多科学方法提出了许多更为合理的解释。目前对于地球成因的解释已经有四十多种，每种说法都各有千秋。

彗星碰撞说

支持此说的人认为很久很久以前，一颗彗星进入太阳内，从太阳上面打下了包括地球在内的几个不同行星。

该学说在1749年由戴维·劳普以及约翰·塞普柯斯基提出。

陨星说

1755年，康德在《宇宙发展史概

论》中提出了这一学说，他认为陨星积聚形成太阳和行星。

宇宙星云说

1796年，法国拉普拉斯在《宇宙体系论》中提出宇宙星云说。他认为星云（尘埃）积聚，产生太阳，太阳排出气体物质而形成行星。

双星说

这种说法认为除太阳之外，曾经有过第二颗恒星，行星都是由这颗恒星产生的。

行星平面说

赞同这种说法的人认为所有的行星都在一个平面上绕太阳运转，因而太阳系才能由原始的星云盘产生。

卫星说

该说认为海王星、地球和土星的卫星大小大体相等，也可能存在过数百个同月球一样大的天体，它们构成了太阳系，而我们已知的卫星则是被遗留下来的“未被利用的”材料。

尘埃聚集说

尘埃聚集说认为原始地球是宇宙中的尘埃通过不断增多聚集，从而形成了地球以及其所在太阳系中的其他星球。

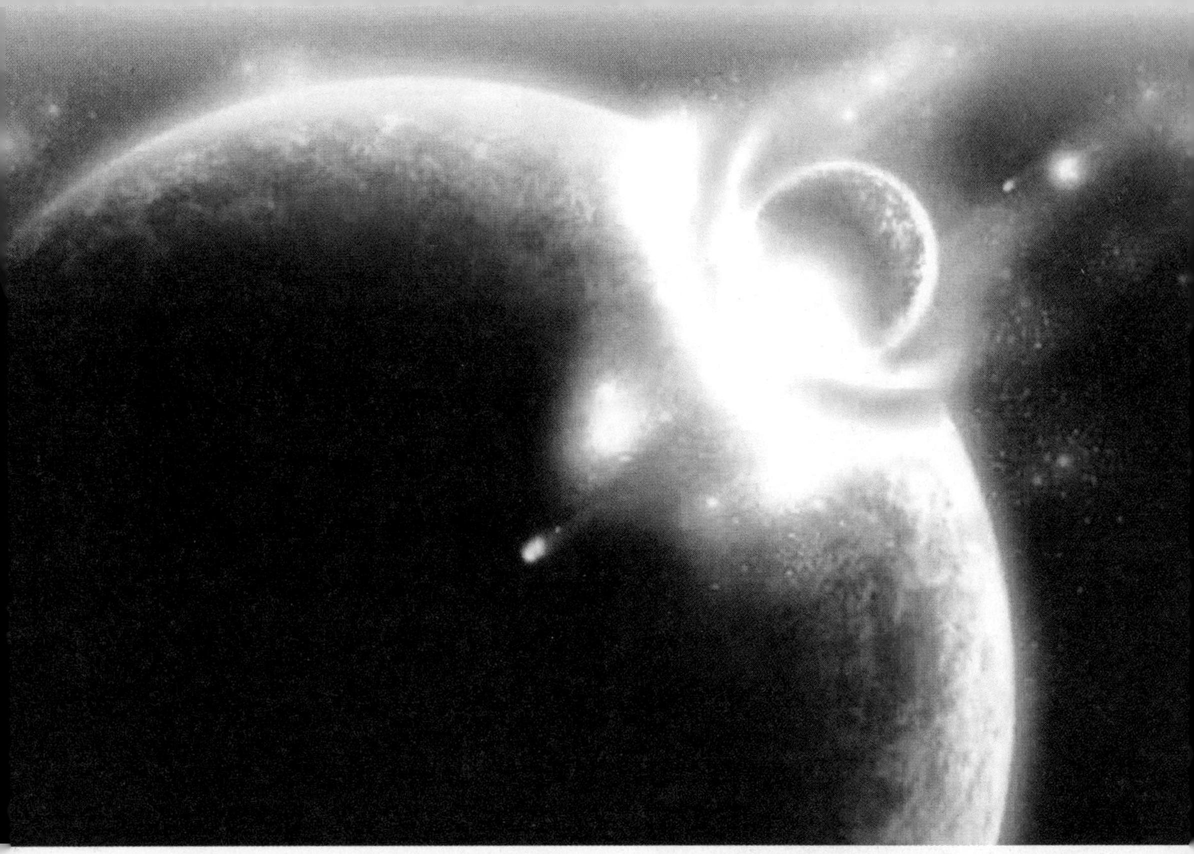

在以上众多的学说当中，康德的陨星假说与拉普拉斯的宇宙星云说，虽然在具体说法上有所不同，但二者都认为太阳系起源于弥漫物质（星云）。因此，后来把这个假说统称为康德–拉普拉斯假说，而被相当多的科学家所认可。

但随着科学的发展，人们发现“星云假说”也暴露了不少不能自圆其说的新问题。如逆行卫星和角动量分布异常问题。根据天文学家观察到的事实：在太阳系内，太阳本身质量占太阳系总质量的99.87%，角动量只占0.73%；而其他八大行星及所有的卫星、彗星、流星群等总共占太阳系总质量的0.13%。这个奇特现象，天文学上称为太阳系角动量分布异常问题。星云说对产生这种分布异常的原因显得“束手无策”。

另外，现代宇航科学发现越来越多的太空星体互相碰撞的现象。1979年8月30日美国的一颗卫星拍摄到了一个罕见的现象：一颗彗星以每秒560千米的高速，一头栽入了太阳的烈焰中。照片清晰地记录了彗星冲向太阳后被吞噬的情景，十二小时以后，彗星就无影无踪了。

既然宇宙间存在天体相撞的事实，那么，布封的“彗星碰撞”说的可能性依然存在，于是新的灾变说应运而生。

今天，关于地球的起源学说虽然已经有四十多种，人们对地球起源的认识也在这些曲折变化的发展过程中不断地深化，但地球是怎样形成的，仍是一个谜。

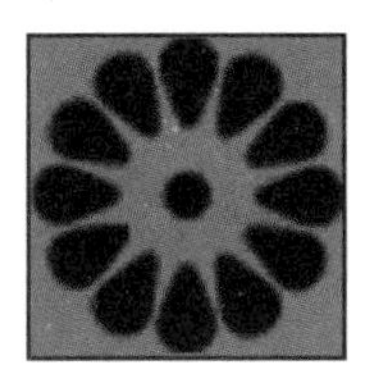

地球比金星幸运——地球的胜利

概 述

同属于太阳系的地球与金星在40亿年前几乎是相同的两个星球，在生命与智慧的争夺战中，地球获得了最后的胜利，生命与智慧最终还是选择了地球。一场雨的到来改变了地球的命运，生命由此诞生。

地球与金星的生命争夺战

如果给我们一个原始的地球，那么所有现在的生命都几乎无法生存。可以说，是一代一代的生命支撑起今天的蓝天白云。在地球40亿年的生命进程中，无数存在过的生命的尸体构成了我们立足的基石。

这么说并不过分，因为在我们脚下的土地中，含有大量的碳酸钙，著名的喀斯特地貌就是最典型的碳酸钙地貌，它们能够被雨水侵蚀出诸如桂林山水那样的美丽风景。这当中，碳酸钙就是生命的尸体，否则它们就是

二氧化碳。因为在自然界中，二氧化碳是不能被无机物吸收的。

假如地球上没有生命，那么它就是一颗充满二氧化碳的星球；或者说，地球上曾经有过的二氧化碳是今天的20万倍。这就意味着，地球早期的气温比现在高100多摄氏度。在太阳系里，最有可能拥有生命的，除了地球就应该是金星了。因为它的大小和地球几乎完全一样，也就是说，它的引力和地球一样。水的存在条件，金星上也应该都具备。也许，金星就是一个备用的地球，这在宇宙中大概是不多见的。也许就是因为同时有地球和金星这两颗几乎完全相同的星球，最终在太阳系出现了生命。当然，最终的幸运属于我们。

但是，如果生命选择了金星，那也无可厚非，而这只取决于太阳的状态。假如我们的太阳比现在要小一些，那么很有可能幸运的就是金星，而不是地球。所谓太阳的状态，就是指它的温度和引力。现在的太阳温度对于金星显然是太热了一些，而对于地球就非常合适。然而，太阳只要温度变化一点点，大约20℃，它就会变得对金星合适而对地球不合适了。所谓温度变化，就是太阳质量的大小，只要太阳比现在小十分之一，那么今天就可能是金星上的生命研究地球了。

生命的守护神

地球在与金星的战争中取得胜利，可能就是因为地球比金星多了一场雨。因为早期地球的表面温度也不低，但是那些在厚厚的大气中游荡的水分子还是得到了机会能够落到地表上。尽管40亿年前的地球上雨水几乎像热水浴一样，但毕竟是能够落下来了。而且，由于当时地球上的二氧化碳非常浓，地球的大气压也远比今天高得多，所以水要达到150℃以上才会沸腾。

总之，早期的地球到处都是“火锅”，而早期的生命和有机物就在这

种环境中开拓混沌。这是一些多么坚强的生命啊！生命的立足太重要了。一旦生命开始在早期地球的火烫的地面上挣扎，地球的命运就要由它们说了算。这些生命的最大特点就是“吃”二氧化碳，这是它们唯一的食物，而阳光就是使它们能够消化二氧化碳的酵母片。在光合作用下，二氧化碳被分解成早期生命需要的碳和不需要的氧。正是因为这一简单的分离，40亿年之后，宇宙中的智慧生命就诞生了。早期生命不断吞噬二氧化碳，这丰富的资源使地球的早期生命繁衍得很快。

从今天的地貌来看，喀斯特地形非常普遍，也就是说，早期的二氧化碳几乎把如今的地球装修了一层地板。我们就站在这层二氧化碳的地板上眺望蓝天白云。也许就是第一场雨没有落到金星上，这场至关重要的雨可能落到离地面还有几十米的时候就蒸发了。就差这么一点点，金星的生命连挣扎的机会也没有了。因为再坚韧的生命也总是需要一个起码的条件——水，哪怕这水是加了“火锅”里的各种辛辣佐料的水。

地球上的水从哪儿来？——太阳系中的“水星”

概　述

一个粗枝大叶的星际旅行者远远地快速掠过地球之后，可能会在航行日志中记录：“一个奇怪的星体，似乎纯由水体组成。建议返航时，安排详细的绕地观察。”水，带来了地球生命。它来源于地底深处，还是来自遥远的太空？

我们生活的地球上海洋面积占70.8%。如果把地球上的所有高山和低谷都拉平，再把地球上的水全都包围起来，那么地球表面的水就深达2400多米，地球，真正变成一颗“水星”了。而太阳系的水星，至今没有海洋，上面也没有水。

地球上这么多水是从哪里来的呢？

来自地球内部

目前，大多数科学家认为：地球上的水，是地球在漫长的历史进程中，由组成地球的物质逐渐脱水、脱气而形成的。地球是由星际尘埃凝聚而成的，在最初阶段，地球是一个寒冷的凝结团，是万有引力和颗粒间的相互碰撞，使这些星际尘埃物质紧紧地压缩在一起，形成原始地球。后来地球内部的放射性元素不断蜕变，凝固团的温度不断增高，最终形成我们可以居住的地球。科学家对组成地球的地幔的球粒陨石进行分析，发现含有0.5%～5%的水，最多的可达10%。只要当初组成原始地球的陨石有1/800是这些球粒陨石的话，就足以形成今天的地球水圈。问题是，当初是这样的情形吗？至今没有定论。

火山喷发

活火山伴随滚滚浓烟，炽热熔浆的喷发，使大量水蒸气释放到地球的大气中。在喷出的气体中，水汽占75%，数量的确很大。如美国阿拉斯加有一座叫“万烟谷”的火山，在每年喷出的气体中，水汽就有6600万吨。自地球诞生至今，也不知多少火山喷发过，其次数也无法统计，喷出来的水汽就更多了。有的科学家甚至认为，至少地球上现有水的一半来自火山喷出的水汽。火山为什么能喷发水汽？因为地下深处的岩石、岩浆里含有相当丰富的水。火山一喷发，因为熔岩温度高，岩浆里的水自然蒸发，逸出地球表面。这些水汽到了高空遇到冷气，凝结成水，最终落到地上，形成涓涓水流，进入海洋。据科学家研究，早期地球很热，大约在6亿年前，地球表面的温度才降到30℃，此时大气中的水汽有99%降落到地面，地球上才开始有海洋及江河湖泊。水是生命之源，有了水之后，地球上才开始有生物。

来自外太空

有些人认为，来自太空的携带有水和其他有机分子的彗星和小行星撞击地球后才使地球产生了生命。最近，科学家们第一次发现了可证明这一理论的依据：一颗被称为利内亚尔的冰块彗星。据科学家们推测，这颗彗星含水33亿千克，如果浇洒在地球上，可形成一个大湖泊。但令人十分遗憾的是，利内亚尔彗星在炽烈的阳光下蒸发成了水蒸气。全世界的天文

学家们都观察到了这一过程。那么，这颗彗星携带的水与地球上的水相似吗？根据科学家们的研究，答案是肯定的。实验证明，数十亿年前在离木星不远处形成的彗星含有的水和地球上海洋里的水是一样的。而利内亚尔彗星正是在离木星轨道不远的地方诞生的。天文学家们认为，在太阳系刚形成时可能有不少类似于利内亚尔的彗星从“木星区域”落到地球上。美国专家约翰·玛玛说：“它们落到地球上时像是雪球，而不是像小行星撞击地球。因此，这种撞击是软撞击，受到破坏的只是大气层的上层，而且撞击时释放出来的有机分子没有受到损害。”

关于地球上水的来源的三种解释，都有一定事实为根据。但这三种解释同样存在片面性。地球上的水到底是哪里来的？随着科学技术的发展，最终我们一定能找到答案。

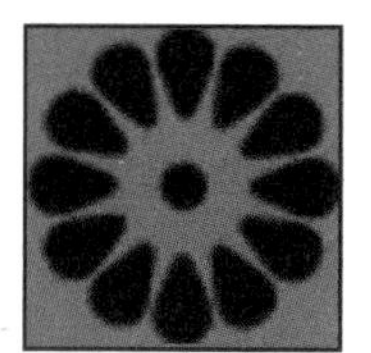

地球曾有过光环吗？——地球的指环

概 述

众所周知，太阳系里天王星、土星和木星的外围都有美丽的光环环绕着，使得它们在星空中显得更加美丽动人。那么，地球有过光环吗？

地球的指环

人类觉察到太阳系行星上的光环，可能是300多年以前的事。那么地球有过光环吗？天文学家们对这个问题颇感兴趣，并投入了大量的精力进行了细致的研究。他们提出了大胆的设想："地球上曾经有过光环"，并推测"地球将来可能还会重现光环"。究竟天文学家们的提议是否属实呢？

17世纪，科学家伽利略首先从天文望远镜里看到土星周围闪耀着一条明亮的光环。后来，人们又用天文望远镜观察了太阳系的其他行星。数百年过去了，也没有听说它们周围出现光环。所以人们长期以来一直认为土星是太阳系中唯一带有光环的行星。

1977年3月10日，美国、中国、澳

大利亚、印度、南非等国的航天飞行器，在对天王星掩蔽恒星的天象观测中发现了奇迹。他们看到天王星上也有一条闪亮的光环。这一发现打破了学术界的沉默，在世界上掀起了一阵光环热，各国派出越来越多的航天飞行器去太空探秘。

1979年3月，美国的行星探测器“旅行者Ⅰ号”飞到距木星120万千米的高空，发现木星周围也有一条闪亮的光环。同年9月，“先驱者Ⅱ号”在土星周围又新发现两个光环，土星周围已经是三环相绕了。

太阳系其他行星上相继发现光环以后，作为太阳系行星之一的地球，会不会也有光环呢？它以前有过光环或者将来会有吗？假如地球也像木星那样有美丽的光环的话，那么到了晚上，我们就会看到由无数明亮星星组成的一条美丽的光带横贯夜空，一定非常迷人。面对太阳系中其他大行星光环的相继发现，科学家们首先提出了“地球上曾经有过光环”的大胆设想。他们认为地球和其他行星一样，同在太阳系中，绕太阳运转，也应该有光环。这些科学家在地球上找到了许多地外物质，他们推测这些物质可能就是地球光环的“遗骸”。

美国有一位叫奥基夫的天文学家，曾经解释过这种光环现象的形成。他说，6000万年前的始新世，由于月球上的火山喷发，大量的玻璃陨石碎块被抛到地球，它们中的一部分变成陨石雨降到地球表面，另一部分

则进入地球外层形成了光环。奥基夫还推测，在那个时代，地球赤道的上空出现了光环，它在地球上投下了淡薄的阴影。据估算，这个阴影遮蔽了地球上三分之一的阳光，使得地球的冬天变得寒冷。当时的北半球，夏季太阳的直射点位于赤道以北，这时赤道上空的光环影子正投向处于冬季的南半球，从而大大降低了南半球的气温。而此时正处于夏季的北半球没有光环的影子，所以北半球气温正常。当北半球进入冬季以后，光环的影子也随着移过来，从而使北半球气温降低而变得更冷。这种假说较为合理地回答了6000万年前地质时代的气候问题，解释了当时地球上冬天气温异常寒冷，而到夏天气温又较正常的奇怪现象。

消失的光环

地球上的光环是怎样消失的呢？奥基夫推断是被阳光吹掉了。他说，

太阳的光线可能像一股股涓涓细流，打在什么东西上就对什么东西产生压力。在没有摩擦力的空间环境里，它在几百万年的时间里，足以把光环里的粒子吹离地球的轨道。根据奥基夫的推断，如果月球火山还保持活动的话，地球将来还会再度形成光环。对这位美国学者的观点，学术界的认识一直未能统一，他的观点遭到了许多人的反对。但这些反对者中，许多人对“地球将来还会有光环”的预见并没有异议，所不赞同的只是在形成地球光环的物质上。有人认为形成地球光环的物质，并不是奥基夫所说的由月球上火山喷入地球轨道的熔岩，而是在地球强大引力作用下月球崩落下来的碎块。

根据天文学的理论计算和古生物的测定，在大约五亿年前的奥陶纪，地球上的一年有450天左右，每昼夜只有21.4小时，到了距今约四亿年的泥盆纪，一年仍有400天左右，每昼夜约合23个小时。这说明在漫长的地球

发展史上，地球自转速度渐渐变慢。这是什么原因造成的呢？专家们说主要因素是潮汐作用。潮汐是自然界由于天体对地球各部分的万有引力不等引起的潮涨潮落现象。引潮力的大小与天体的质量成正比，与天体距地球的距离的立方成反比。因此，月球的引潮力是太阳的2.2倍。

我们知道，月球在天空中每天东升西落，它在地球上的潮汐隆起（太阴潮），也是从东向西运转的。这种运转方向正好与地球自转相反，潮汐和浅海海底的摩擦，对地球起制动作用，使得地球自转逐渐变慢，自转周期逐渐变长。有人通过计算，推测出这种变化大约每百年就使地球的自转周期增加0.0016秒。由于地月系统是一个能量守恒系统，地球自转速度的减慢，破坏了这个系统原来已有的平衡状态，这就需要建立一种新的平衡，于是导致了地月距离的逐步拉大。

地球自转速度的不断减慢，引起地月距离的不断增大，这种平衡形式的不断破坏和重建若能持续下去，那么在遥远的将来，势必有一天地球和月球的各自自转周期和公转周期都相等。到那时，一天就等于一个月了。这样，太阴潮也就是月球在地球上的潮汐隆起也就停止了。但是这个时候，太阳在地球上的潮汐隆起作用仍在进行，专家们给这种作用取名为太阳潮。由于太阳潮也是自东向西传播的，这种作用使地球与月球距离的增大继续进行，再过一段时间，地球上的一天将长于一年。于是又出现了与过去形式相反的太阴潮。由以前的地球自转周期短、公转周期长，变成了相反的自转周期长、公转周期短。换句话说，就是以前的太阴潮时期是一月等于30天，新的太阴潮出现后就是一天等于几个月了。

但这时的月球自转方向不是自东向西运动，而是相反自西向东运动了。那时，如果人类存在的话，看到的月亮可不是东升西落，而是西升东落了，“太阳打西边升起”将不再被视为不可能实现的事情。在那个时

候，由于月球运动方向的改变，使太阳潮的运转方向与地球的自转方向一致，不仅消除了潮汐和浅海海底的摩擦引起的对地球的制动作用，而且方向一致产生的极大惯性加速度，使地球就像顺风船，自转速度变快，自转周期变短，这样月球和地球的距离又会随着缩短。

有人曾进行过推算，当地球和月球两者之间的中心距离只有15000千米的时候，那时的一个月只有5.3小时，而一天却有48小时。估计强大的引潮力能把月球撕裂成许多巨大的碎片，散布到地球的外层轨道中去，那时地球的外层空间里就会出现一圈明亮的光环。

“地球将来还会出现光环”，科学家根据潮汐作用引起的地球自转速度、方向和月球与地球距离周而复始的变化，推出的这个假想。当然这种推想还没有建立起证据确凿的科学基础。但人们现在也很难拿出足以否定它的证据。按照这个假说，地球光环的再度出现将会是相当遥远的事，检验这种光环的出现的最高权威是事实，我们现存的人类中谁能留下来欣赏这样的宇宙奇观并为这种假说充当人证呢？显然谁也不可能等待这么长时间。我们只能通过宇宙卫星资料去寻找更多解决这个问题的证据，但完全解决这个问题恐怕不是一件能在短时间内完成的事情。

磁场南北大挪移——会翻跟头的磁场

概 述

大多数人认为，指南针当然指向南方。数千年以来，水手依靠地球磁场来导航；而鸟类和其他对磁场敏感的动物已经应用这个方法有更长一段时间了。如果有一天地球上的南极变成了北极，指南针指向了北方，我们的生活将会发生怎样的改变呢？这不是科幻小说的奇思妙想，而是客观的存在，在地球45亿年的历史中，磁场的方向已经在南北方向反复变化了数百次，可见磁场是一个会翻跟头的调皮孩子。

地球磁场的存在对人类的生产、生活都有十分重要的意义。地球磁场南北极的方位并不是一成不变的，是会颠倒的，并具有周期性、必然性。那么，地球磁场为什么会翻跟斗呢？研究地球磁极翻跟斗现象，对于今后地磁场导航的应用是十分重要的。指南针是中国古代四大发明之一，当时虽然利用磁铁的指向性制造出了指南针，但还不明白指南针为何永远指向南方。一直到1600年，英国皇室御医吉尔伯特才提出：地球原本是一个巨大的磁场，北磁极位于地球南端，南磁极位于地球的北端，是磁极决定了指南针的指向。

但是科学家们在对磁场的研究中发现，地球的磁场并非亘古不变，它

的南北磁极曾经对换过位置，即地磁的北极变化成地磁的南极，而地磁的南极变成了地磁的北极，这就是所谓的“磁极倒转”。在1906年，法国科学家布律内在对火山岩进行考察时意外地发现，在七十万年前地磁场发生过倒转。

在研究中科学家还发现磁极倒转的现象曾在地球的历史上发生过许多次。仅在最近的450万年里就有4次，即“布律内正向期”、“松山反向期”、“高斯正向期”和“吉尔伯反向期”。在过去的4600万年间曾出现过171次磁极倒转现象。但是，地磁场方向在每一个磁性时期里，也并不是始终如一的，有时会发生被人们称为“磁性事件”的短暂极性倒转现象。

地下低频辐射的恶作剧

科学家发现来自地下的低频辐射与一些神秘的事故存在密切关系。现在尚不清楚产生这种辐射的确切原因，但科学家估计可能是地壳运动的结果。当地壳剧烈运动时，电磁粒子就会从地下逃逸出来。检测显示，当这种辐射爆发时，交通事故和求医看病的人会明显增多。

科学家还观察到地球磁场出现了空洞，由此推断地球磁极可能在不久的将来改变方位。事实上，现在北磁极就在向西伯利亚方向移动，南磁极则移向澳大利亚海岸。科学家推断磁极1.5万年才会移位一次，每次都造成大批动物死亡，恐龙、猛犸象很可能

就因此灭亡，大西洋一些神秘沉没的海岛也可能与磁极移位有关。

地球上还有不少黑暗地带，在这些区域里事故频发，人体器官也会严重受损。科学家认为这也是辐射在“搞鬼”。在地质断裂带及不同层面的地下水流交汇地区，磁场会出现异常变化，这种变化甚至对大气电流都有影响。研究显示，只有5%的人对地下辐射具有抗干扰能力。

地球是一个巨大的发动机

根据地磁场起源理论，地磁场磁极之所以发生倒转，是由地核自转角速度发生变化而引起的。

地壳和地核的自转速度是不同步的，现阶段地核的自转速度大于地壳的自转速度。然而，5.8亿年前，地球表面呈熔融状态，月球也刚刚被俘获，地球从里到外的自转速度是一致的，地球表面不存在磁场。但是，随着地球向月球传输角动量，地球的自转角速度越来越小。同时，地球也渐渐形成了地壳、地幔和地核三层结构。地球自转角动量的变化首先反映在地壳上，出现了地壳自转速度小于地核自转速度的情况。这时，在地球表面第一次可以感受到磁场的存在，地核以大于地壳的自转速度形成了地磁场。按照左手定则，磁场的北极在地理南极附近，磁场的南极在地理北极附近。地壳与地核自转角速度不同步，这种情形并不能长久地保持下去，地核必然通过地幔软流层物质向地壳传输角动量，其结果是地核的自转角速度逐渐减小，地壳的自转角速度逐渐增大。当地壳与地核的自转角速度此增彼减而最终一致时，地磁场就会在地球表面消失。在惯性的作用下，地壳的自转角速度还在继续增大，地核的自转角速度继续减小，于是出现了地壳自转角速度大于地核自转角速度的情况。这时，在地球表面

就会感受到来自地核逆地球自转方向的旋转质量场效应。按照左手定则判断，新形成的地磁场的北极在地理北极附近，南极在地理南极附近。从较长的时期看，整个地球的自转速度处在减速状态，但地壳与地核间的相对速度却是呈周期性变化的，因此导致了每隔一段时间地球磁场就要发生一次倒转。

地磁场发生倒转前，地球的磁场强度减弱得很明显，直至为零。随后，约需1万年的光景，磁场强度才缓缓恢复，但是，磁场方向却完全相反。目前，地球磁场强度有逐渐减弱的趋势，在过去的4000年中，北美洲的磁场强度已减弱了50%，这说明地核相对地壳的速度差正在缩小，当这个值小到0时，南北磁极便会发生大倒转。

无论如何，在太空中地磁场的方向却始终是不变的。因为在太空中测得的地磁场，为整个地球自转提供旋转质量场效应，并不会因为地壳与地核相对速度的改变而发生变化。根据左手定则，在太空中测得的地磁场的北方始终在地理南极上空。

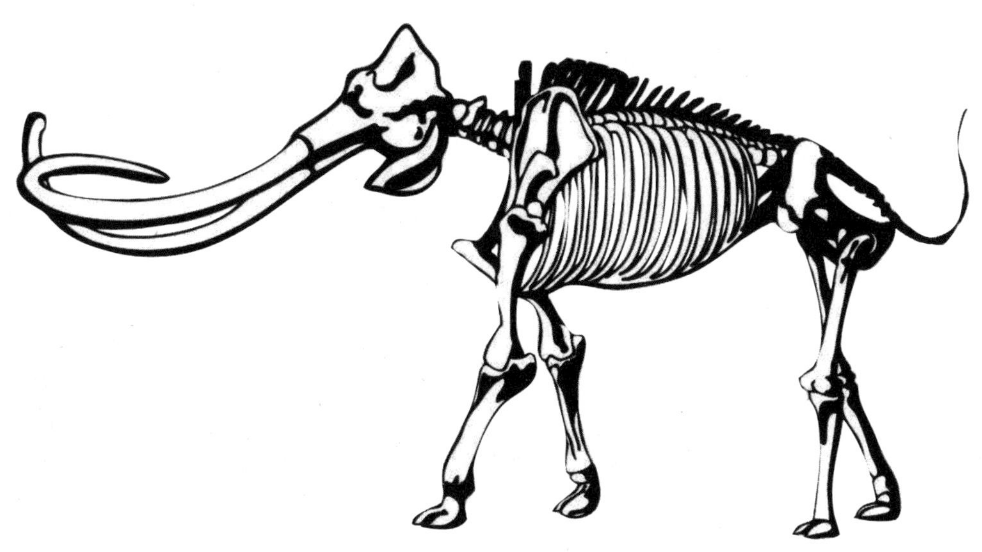

地球磁极移动曾毁灭生命吗？——上帝的诺亚方舟

概　述

人类赖以生存的地球有磁场，这是我们早已知道的常识，但很少有人研究地磁场与生命之间的关系。从第一艘载人宇宙飞船升空，太空人经历了没有引力而且还失去地磁场的环境后，科学家开始研究地磁场对生命的影响。

1967年，美国发射了生物卫星二号，进行了13项研究。发现在太空中胡椒属植物叶子生长不正常，面粉甲虫翅膀发生异常等等。

有人做过实验，把小白鼠放在只及地磁场强度1/5的弱磁场中生活一年，结果平均寿命缩短6个月，而且失去生殖力。果蝇放在磁场强度22千奥的不均匀磁场中，几分钟就死亡，果蝇的蛹虽有一半变为成虫，但有1/10发生严重的畸形，活不到1小时就死了。

更有趣的是有些科学家根据统计发现，地磁场与胎儿性别也有相关性。在胎儿发育初期，地磁场的方向会影响胎儿的性别。女性在怀孕初期一两个月内头朝北睡，生下的孩子女性占多数，反之则男性占多数，当然，此说尚待证实。

20世纪60年代，科学家研究生物化石后，发现磁场会换向、消失和恢复。磁场反转时对生物的影响是严重的。25万年前的一次地磁场反转，使18种低等生物灭绝。70万年前的一

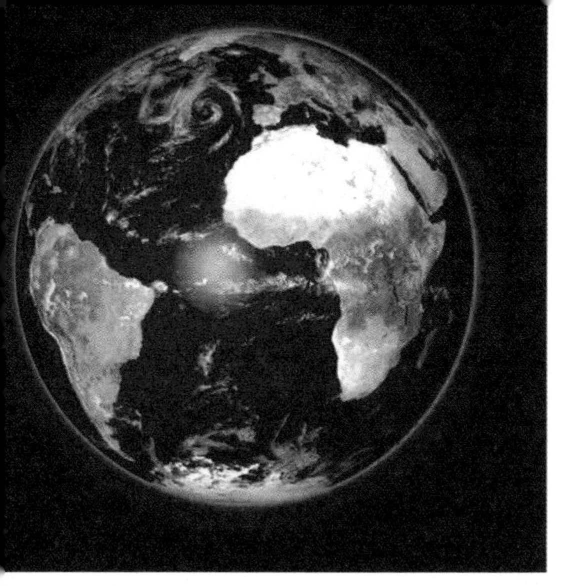

次地磁场反转，也有7种低等生物灭绝。一些学者通过考察指出，400万年以来，地球磁场经历过“第一反转期”，约70万～240万年，直到240万～230万年前的高斯时期才恢复正常。从70万年前到现在，地磁场随着地球的自转和公转，每时每日都在发生偏移，每年以15～20伽马的速度减弱，目前尚存4万伽马磁场，大约到公元4000年的时候，地磁强度将等于零。

一旦地磁场消失，地球上的居民将会面临难以抵御的种种威胁。因为磁性层将人类与宇宙中最危险的带电粒子隔离起来，好似地球的保护罩。一旦失去这一保护罩，蔬菜谷物都会因受到0.3微米波长的强紫外线辐射而减产，植物的光合作用就会减弱，海洋藻类、鱼类将大批死亡。更严重的是，人类将因强紫外线辐射而患上皮肤癌，生物将因染色体变化而发生遗传性疾病，某些生物，包括高级智能生物，将面临灭顶之灾。

霍普古德等人则提出关于磁极移动的假说，认为在过去的10万年中，地球磁极曾发生过3次移动，第一次是北极从加拿大西北的育空地区移至格陵兰海；第二次是从格陵兰海移至哈德逊湾；第三次是从哈德逊湾移至目前这个位置。

推测在1.2万年前的数千年间，由于地磁偏转、换向，造成大部分印第安人死亡，玛雅人集体自杀，撒哈拉平原、塔克拉玛干地区沙漠化急剧加强。为此，他们还用古生物学家的研究作为旁证。

1967年，美国学者尼尔·奥普戴克发现，一些放射性虫类曾在500万年前灭绝，那时恰好是地磁转向期。

1971年，美国哥伦比亚大学的詹姆斯·海斯通过几十个“岩蕊”的研究发现，在放射性虫类的8次灭绝中，有6次都发生在地磁换向之际。也许，这不仅仅是偶然的巧合。

然而，地磁毁灭说还只是根据现在或未来推测过去，缺乏充分的根据和严格的科学验证。

首先，迄今为止，还没有发现在我们这次人类文明之前有世界范围内的文明存在；其次，地球磁场在过去数百万年中发生偏转、换向一说，本身尚须进行理论和事实的严格论证；第三，地磁变化对人类文明究竟有多大影响，至今尚无确切证明。通常所说玛雅文化、撒哈拉文化，它们的消失本身还有其他原因可究，磁极毁灭

说并无较强的说服力。

而在最近，俄罗斯中央军事技术研究所研究员沙拉姆别利杰又宣布，该所成功地测量到了地球磁极漂移现象，测量结果表明，地球磁极目前已漂移了200千米。沙拉姆别利杰说，现在还无法对此自然现象作出科学解释，但可以肯定，地球磁极发生漂移将对地球产生影响。他解释说，地球将通过自己的表面裂缝或者“所谓的地磁点”，把地球内部由于磁极漂移而产生的过剩能量抛向宇宙空间，这种能量释放势必影响全球气候变化和人类的感觉；此外更需指出的是，地球在释放这种过剩能量时，全产生一种“新的能波”，这种“能波”将影响地球的自转速度，这意味着每天的时间长短可能会发生变化，一昼夜不再正好等于24小时。该研究所掌握的

资料显示，他们已观测到了地球自转速度受到影响的有关状况。观测发现，地球自转变化周期大约为两周，自转速度放慢现象持续了两周，尔后又逐渐加快，这种加快自转的过程保证了地球每昼夜平均时间为24小时。

目前，俄军事技术研究所已经把所观测到的数据转交给俄罗斯气象与环境监控局，以使该局进一步观测并弄清这一自然现象将给工农业生产带来何种影响。沙拉姆别利杰认为，当今频发的空难事故很可能与地球磁极漂移有关。据一些天文学家分析，地球磁极发生漂移的原因可能是因为太阳系目前正“穿越”银河系某个特定区域，它正承受着来自邻近其他宇宙天体的地磁影响。俄军事技术研究所的科学家说，类似地球磁极漂移这种现象，在太阳系其他星球上可能也正在同时发生。

在越来越多的事实面前，人们已经知道地磁场对生物存在着影响。不过，对其中的机理有待深入的研究，还需要科学的根据和理论论证去揭示。

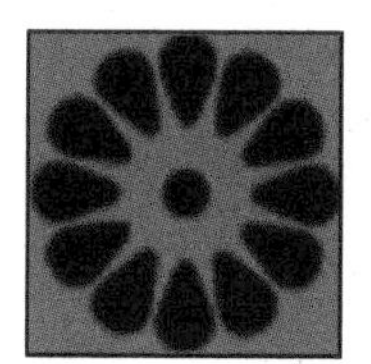

月球，地球的刹车
——我们走在幸福的大路上

概　述

地球犹如一辆车高速行驶在太空的高速公路上，月球好似这辆车的刹车装置，保证了车辆的行驶安全，远离了事故。

对于生命的自然状态来说，地球的动态无疑起着积极的作用。然而，当人类诞生以后，过多的星球动荡将会是灾难。试想，如果到处是火山，是海啸，是山崩地裂，人类将为此而疲于奔命，将会终日生活在极度惊恐之中。然而，我们的运气的确很好，因为我们有了月球。

月球的引力对地球的动态默默施加了40多亿年的影响，在这40多亿年的时间里，大约降低了一半左右地球

的旋转速度，从每天大约10个小时的昼夜更替，渐变为后来的24小时。细算一下，平均每天减少0.02秒。这是一个极小的数字，却是极重要的数字。这个数字既不能大，也不能小。大了，就会使地球的转速降低得太多，不利于地球的动态；小了，就是刹车动力不够。

人们不知道月球到底是怎么来的，几种分析都不够圆满。但有一点可以肯定：没有月球，地球的环境将不如现在这么美好。因为很多学者认为，是月球的存在使地球的旋转姿势稍有偏斜，因此就有了季节的区分。但这个说法并没有得到数学意义上的论证，因为火星虽然没有与这么大的“月球”为伴，但火星的旋转姿势却和地球一样，也是偏斜的。当然，月球在夜晚起到的照明作用是显而易见的，特别在没有电灯的远古时期，月球比今天要显得亮得多。

但是，月球真正的作用似乎是为人类的文明作准备。它曾经离地球只有10万千米，30亿年前看起来要比现在大一倍。如果那时已经有了智慧生命，估计眼神好的人都能看见月球表面较大的环形山。月球的存在使地球转速减慢，而地球转速的减慢也减弱了地球对月球的控制，于是月球也在一点点地远离地球。地球不断地减慢转速和月球不断地离开地球是以往地月史中最重要的互动关系，而这种关系到人类出现后达到了尽善尽美。

现在地球的一天是24小时，这使我们都有一个温馨的漫漫长夜，有着不必时刻警惕灾难警报的安详睡眠，有着不断升值的房地产生意，而不是经常在建筑的废墟中挖掘尸体。月球送给我们人类的真正礼物就是自有地球这颗行星以来最稳固的地壳。除了对我们生活的关照，月球还是我们认识太阳及宇宙的非常出色的不可替代的工具。月球逐渐离开地球至今，月球的月面直径与太阳的视觉直径完全一致，因此，发生日食时，人们就可通过月球对太阳的遮挡来仔细观测太阳。如果没有月球造成的日食，人们对太阳的认识恐怕还要延迟很多年。

人们之所以能够在20世纪50年代应用核聚变发明氢弹，其中的部分原因也许和月球的存在有关系，因为氢弹的发明是从太阳的能源机制中获得启发的。氢弹的发明对人类是一个威胁，它警告人类不要自己毁灭自己。实际上，能够彻底毁灭整个人类的东西一旦被制造出来，人类反而有了前所未有的理智。

有趣的是，直到现在，人类已经有了超过50年的世界范围的和平，而从理论上说，人类现已具有在地球转完一圈之前就彻底毁灭自己的能力。月球通过大海的韵律制动地球，这很有意思。地球上的水居然是美妙的刹车媒介，海洋的潮涨潮落就是对地球转动能量的抵消。最终，这些水会使地球失去月球，因为海洋的潮汐将更多地降低地球的动能，这样就会继续减少约束月球的引力。按照这个程序，月球大约会在10亿年之后彻底脱离地球。但是我们相信，那时人类已经可以以高度的文明来控制这种事情，至少月球必将是地球陆地的延伸，人类也一定有办法保持月球和地球的亲密状态。月球是离地球最近的一个天体，它的存在给了人类一个可以突破地球这颗行星的机会。

毋庸置疑，人类已经把登上月球当做是文明的最高成就之一。这的确是自生命从海洋爬上陆地以来的最重要的事件。无论从哪个角度讲，人类对自己星球的超越都是非凡的壮举，而不是因为月球离我们只有38万千米，所以这种壮举才得以实现。除了月球，离我们最近的就是火星或者金星，然而它们也是在5000万千米以外。如果没有月球，人类登上外星的计划和壮举，将至少推迟60年。

小行星撞击地球——宇宙中的家庭纠纷

概　述

在整个地球的历史长河中，小行星与地球“擦肩而过”甚至撞击地球的事不乏其例，难道我们生活的地球真的是危机四伏吗？

2002年1月7日，除了几个知情的天文学家外，恐怕再没有人会觉得这天与往常有什么不同了。然而正是这天，一枚直径300米的小行星以11万千米每小时的速度与地球“擦肩而过”，确切的时间是北京时间15点37分。小行星在地球门前掠过并非第一次，然而这次却令科学家们至今心有余悸，道理非常简单，尽管这枚小行星很久以来一直朝着地球的方向飞速运行，但直到2001年12月26日，即直到小行星驶向地球近地点前的12天，它才被美国国家威夷天文台的一台小

型天文望远镜所发现。

这枚小行星的编号是2001YB5，当美国的天文望远镜捕捉到它时，它正朝着地球的方向迅速逼近，当时看上去，它的大小也就与从地球上观测月球表面一块直径1米大的岩石相似。刚发现它时，美国天文学家曾异常紧张，因为一枚直径300米、可能是以坚硬的岩石组成的小行星一旦以11万千米/小时的速度撞上地球，其能量至少可以将方圆150千米内的所有建筑和自然物夷为平地，甚至对方圆800千米以外的地区也会造成不可估量的损失。直到科学家们以最快的速度计算出小行星的运行轨道后，他们才松了一口气：这枚小行星不会撞上地球，在距离地球83万千米时，它将转向为逆地球运转的方向而去。事实验证，小行星的运行轨迹与科学家的计算毫无二致。83万千米，从常理上看是个不近的距离，但从天文学上看，在太阳系里，它已经驶进地球的“近郊”。换句话说，以它的运行速度，小行星从其轨道近地点到地球的距离仅有不足8个小时的路程！

如果这枚小行星真的驶向地球，那么人类只能坐以待毙，因为以现在的科学手段，科学家虽然能很快计算出它的运行轨道并预见到它所威胁的具体地区，却没有能力在12天的时间里采取任何有效的预防措施。

2002年6月14日，一颗小行星从地球附近飞过，当时它与地球的距离比月亮还近，人类却没任何表示，3天后才反应过来。虽然这颗小行星只有足球场那么大，但如果它与地球相撞，足以将一座繁华都市夷为平地。天文学家们6月17日才发现这位“地球访客”，他们将这颗小行星命名为2002MN，据估计，它的直径大约在45～109米之间，从地球旁边急驰而过时最近距离为12万千米，运行速度为

每小时3.7万千米，位于美国新墨西哥州的林肯近地小行星研究项目的科学家首先发现了这颗小行星。现在，这颗小行星已经飞到离地球几百万千米以外的地方了。

小行星是指太阳系形成时产生的碎石，它们围绕太阳运行，但轨迹从不固定。

在人类的记录中，只有一颗小行星比2002MN飞得离地球更近，那就是1994年的XMI，当年12月9日它离地球的最近距离只有10.5万千米。2002MN是一颗轻量级小行星，它围绕太阳飞行一周需要894.9天，一旦撞击地球，只会危及一定的地区，并不会对整个世界构成危害。英国国家空间中心近地目标信息中心公布的一份新闻稿称："如果2002MN撞上地球，它带来的危害会跟1908年西伯利亚通古斯卡遇到的撞击差不多，当时2000平方千米的森林被铲平。"当年，袭击地球的巨石长60米，其威力相当于广岛原子弹爆炸的600倍。

据科学家猜测，一旦2002MN撞击地球，很可能会在大气层发生爆炸，产生巨大的冲击波。

但是，地球遭遇小行星或者慧星撞击的可能性非常小，绝大多数宇宙访客都不会像2002MN那样与地球这么亲近。它的这一"亲近"着实让一些科学家震惊，所幸的是，它今后不会再飞得离地球这样近了。它下一次光顾地球会在2061年，但距离地球会比2002年6月14日时要远得多。天文学家们努力测绘大一点的小行星的飞行轨迹，它们的长度超过1千米，一旦撞击地球会完全改变世界的气候。

但是，人类对轻量级小行星的观

测和研究明显不足，科学家们对此十分担心。要知道，科学家们发现行星靠的是它们能够反射太阳光，而轻量级小行星反射的光不强，只有在距离地球十分近的情况下才会受到人类的关注，因此它们的危险性不可忽视。此外，天文望远镜多集中在北半球，南半球成了人类的盲点，一旦小行星飞向那里，人们毫无防备。

据称，如果小行星一旦进入撞地轨道，不仅人类发射导弹拦截为时已晚，而且紧急疏散居民都来不及。事实上，在整个地球的历史长河中，小行星与地球“擦肩而过”甚至撞击地球的事不乏其例，最令人心悸的就是6500多万年前一颗直径约10千米的小行星以9万千米/小时的速度与地球相撞，撞击点在今天墨西哥的尤卡坦州。世界各国科学家对墨西哥万卡坦

半岛陨石口地区的研究工作有了初步结论，这为陨石坠落和地球随后的演化理论提供了物质依据。在研究中发现了硫酸盐类矿物——石灰石和硬石膏。

专家们认为，这证明了小行星坠落致使地球上50%动物灭绝的理论。硬石膏的存在是硫大量集中造成的，硫与碳酸盐结合形成了硫酸，硫酸雨“杀死了”陆地和水中的生命。撞击还引起了小行星大爆炸，发生了多次破坏性严重的强烈地震和其他灾难。爆炸产生的尘埃充斥了整个地球大气层，阻挡了阳光，致使气温骤降，植物枯萎。有科学家认为，正是这次小行星与地球相撞，导致当时主宰地球的恐龙及其他许多大型动物完全灭绝，恐龙和其他许多动植物正是在那时从地球上消失的。

在20世纪70年代，取自月球的岩石显示，月球的最大峡谷，或者说是盆地，几乎都处于相同的年龄。即形成于38.8亿年前至40.5亿年前的时间。这表明月球和其附近的地球受到了巨大岩石奔流不息的撞击。

这为一个具有争议的学说提供了佐证，即在40亿年前，少年时代的地球和月球曾被突然出现的巨大宇宙岩石所撞击。就地球来说，这方面的证据已被湮灭在其作为行星的地质活动之历史长河中，并且该地质活动至今仍在持续。

几十年来，科学家们一直奇怪于其他的年轻行星是如何咆哮着向地球和月球抛物撞击的。他们猜测，由于外层行星的形成和轨道的转换，使得彗星和小行星轨道偏离，进而向太阳系内层爆撞。科学家们首先比较了月球岩石和小行星的残片，发现它们具有相似的特定元素的浓度。然后，他们检验了在火星和木星之间的小行星带，发现它们就像在小行星乱阵之中的囚徒一样，正在四分五裂。对已经从小行星带堕落的、和大约40亿年前碰撞形成的小行星的关键同位素进行配对比较，结果发现其中的一些同位素，其实是从小行星带飞出来的。在南极洲找到的陨石和最初萎衰的火星面貌，显示出在地球和月球被撞击时，它们皆已被部分地熔化。科学家们的研究，支持了有关在月球盆地形成时，整个太阳系内部都在被小行星撞击的学说。

而有些科学家认为，该小行星学说仅是假说，并不见得就是事实。他们认为，月球在被彗星撞击形成盆地之后，在更小的小行星的撞击中，月球岩石上的微量元素，可能已经沉淀。同时，有些科学家则怀疑，彗星或小行星是否真正与月球发生过撞击。月球的盆地可能永远具有相同的年龄，因为在40亿年前，当时仍在形成的月球遭受到了许多的冲击，以至于其表面不能再被修复。而瑞士联邦科技研究所的科学家通过对美国阿波罗号宇宙飞船从月球带回的岩石进行研究，发现了月球与地球曾经相撞的最新证据。

目前，科学界有一种月球生成的理论认为，月球最早的时候是和火星一样大的星球，大约在太阳系形

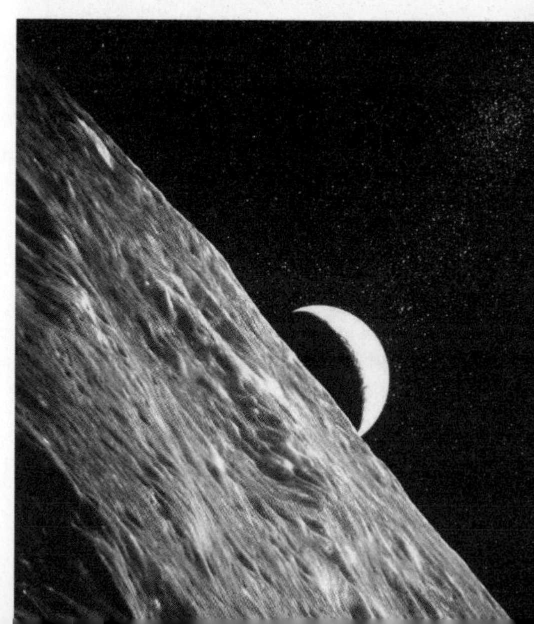

成5000万年后，也就是地球生成的早期，该星球与地球相撞，并激起大堆大堆的熔岩，其中某些熔岩后来就形成了今天的月球。此次瑞士科学家们发现，月球岩石里面氧气的同位素比例和地球的一模一样。另外，科学家通过计算机对碰撞进行模拟，显示月球主要是由“月”星球的材料所构成。为此，瑞士的科学家们断定，月球和地球同位素的比例既然一样，就可以证明“月”星球曾经同地球发生过碰撞。

难道我们生活的地球真的是危机四伏吗？其实不然，为使研究人员、新闻媒体和广大公众能够准确掌握某星体对地球的实际威胁程度，避免让公众产生不必要的恐慌，1999年，国际天文联合会在意大利都灵制定并通过了小行星对地球威胁的险级标准，并将此标准命名为小行星险级都灵标准。小行星险级都灵标准共分11级，即从0级到10级险级程度逐级增加。都灵0级表示小行星不会撞击地球或

表示小行星在接近地球时已经瓦解成绝对不会对地球造成任何威胁的碎片；都灵1级表示小行星的动态值得观察，升至7级则表示小行星对地球可能会造成一定威胁；而都灵8～10级则表示小行星肯定会对某地、某地区甚至整个地球造成灾难性的危害。根据国际天文联合会报告，截止到目前，天文学家还没有观测到超过都灵1级的小行星，也没有发现在相当长的一段时间内会对地球造成重大威胁的天体。至于刚刚光临过地球“近郊”的2001YB5，它下次再接近地球的时间是2052年，但与地球的距离将是2700万千米，即便在更远的未来，它撞上地球的可能也是微乎其微。从科学上分析，只有直径超过1千米的小行星才能对地球产生灾难性的毁灭。天文学家估计，对地球有潜在威胁的这类小行星大约超过1000个，但现在已知的只有300多个。

目前，美国正全力支持对1千米以上小行星进行观测，相信在不久的

将来，所有直径在1千米以上、对地球存在潜在威胁的小行星都将归档登记并被追踪轨迹。针对小行星对地球的威胁，科学界已经有了许多设想，如向对地球具有威胁的小行星发射核弹，将小行星击碎。关于这种方法，有专家评论说，这种方法不难达到，但并不理想，因为每个小行星的物质构成不一，科学界尚无法知道核弹的力量是否足以使小行星粉碎成不会对地球造成任何威胁的直径不足10米的碎块，如果小行星不能被击成足够小的碎块，被击碎的直径为数百米的大型天体可能会变成众多直径为数十米的行星碎块，沿着原来的轨道像行星雨一样降到地球上，这样虽然减少了局部的撞击，却会使撞击面增多。于是便有专家提出了改变小行星轨道的方法，让它偏离可能与地球相撞的轨道，如在小行星表面放置离子发动机，或借助太阳风，或向小行星周围发射核弹等等。但无论是发射核弹击碎小行星，还是使用各种方法让它改变运行轨道，前提条件都是要提早发现，发现得越早，成功的可能性越大。

目前，除美国外，英法等国也都启动了小行星国家观测计划，并为这一计划配备了先进的天文设备。在科技飞速发展的今天，只要全世界对小行星研究给予足够的重视，人类就不会遭到和恐龙一样的灭顶之灾。

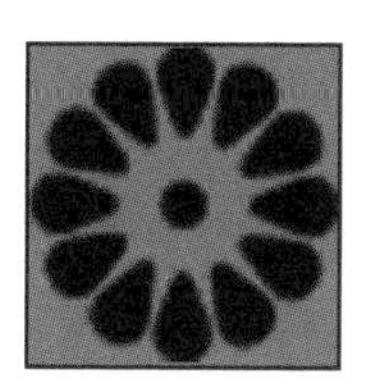

地球是在变暖，还是在变冷？——地球冷热变化之谜

概　述

人类对地球的未来有许多的猜测，对于“地球是在变暖，还是在变冷”就一直众说纷纭。有人说全球气温在上升，地球是在变暖，但有人反对这种观点，认为地球在变冷。究竟哪种说法更准确？

人类对地球的未来有种种的猜测，如随着人类活动的增加，地球是在变暖，还是在变冷，就引起众说纷纭。

宇宙飞船对金星的探测表明，金星表面的温度可达480℃。究其原因，发现金星大气中含有大量二氧化碳，形成一层屏障，使太阳射到金星的热能，不易散发到大气层中去，从而使金星的温度日渐增高。

地球上由于人口剧增，工业发展，森林被大量采伐，自然生态遭到破坏，二氧化碳逐年增加，使地球上

空的二氧化碳浓度越来越高，类似金星之状，地球上的气温也在逐年增高。仅以东京为例，二十多年来东京的平均气温已增高2℃。另外，人造化肥能捕捉红外线辐射，大片积雪的融化，会减弱地球对太阳光的反射。诸如此类的原因，也使地球的温度逐年增高。

与上述截然相反的一种观点是变冷说。持这种观点的人认为，未来几十年的气候将逐渐变冷。其依据是：虽然二氧化碳在稳定增加，但自20世纪40年代中期开始，特别是60年代以来，北极和近北极的高纬度地区，气温明显下降，气候显著变冷。例如在日本，60年代以来，樱花开花日期较50年代明显推迟，而初霜期则相应提前了。在北大西洋，出现了几十年从未见过的严寒，海水也冻结了。在格陵兰和冰岛之间曾一度连成“冰陆”，北极熊可以自由来往，成为罕见的奇闻。有人认为，20世纪60年代的气候变冷是“小冰河期”到来的先兆，从新世纪开始，世界气候将进入冰河时代。

这个争论还会继续下去。

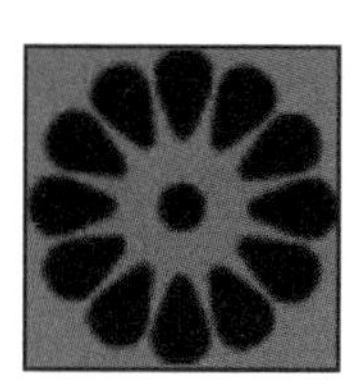

炫目迷离的极光——夜空中的蒙娜丽莎

概 述

极光，不同的文化赋予它各种奇异的名字：光蛇、狐火、跳舞的山羊、火之战线、天堂飞行……伽利略称之为“黎明的女神”，在罗马神话中，黎明女神在每一天开始时，总是跑在太阳的前面。

夜空中的幽灵之舞

早期有关极光的描述在《圣经·旧约》中有记载，书中称极光是从天堂跌落人间的火焰。加拿大的爱斯基摩人相信，极光是火炬，照亮着天堂之路，它是死去的幽灵们在夜空中舞蹈。而在古老的挪威传说中，它是青鱼的鳞片，以及冰岛上的热泉反射出的月光。即使是亚里士多德和本·富兰克林也对极光迷惑不解。北极光，Aurora Borealis，英文原意是“北方的黎明”。当猛烈的风暴在太阳外部沸腾，太阳风将以百万千米的时速轰击地球，这就是太阳风暴，或称日冕大爆发。太阳风暴可能导致卫星通信中断，干扰无线电的传输，但同时，它也会以自然界最绚丽的光芒高照极地的夜空。即便对科学家而言，极光依然保留着许多未解之谜。太阳风携带着质子和电子，吹向地球，由于它们带有电荷，这些粒子陷入地球磁场。它们沿着磁力线抵达极地，然后闯入大气层上层。太阳风粒子下降时，与大气中的氧、氮分子发生冲撞。冲撞的能量以光的形式释放，就产生了极光，这与霓虹灯管里的发光原理类似。然而，是什么使极光看起来宛若拂动的薄纱，是什么令其呈现为各种形状，这些问题都仍在探索之中。

从浅蓝到深红，极光的色彩绮丽夺目，几个世纪以来，吸引了无数观察者。就在几十年前，我们对极光的成因还是完全误解的。最近几年，科学家用发送高空轨道探测器的方法，

了解制造这种自然奇观的动力。关于极光，我们在近20年间所了解的，远远超过了过去2000年的经验。然而科学家仍然不知道，是什么使极光看起来宛若拂动的薄纱，是什么令其呈现为各种形状，正如一些观察者所描述的，状如头骨或动物。当你追寻极光的绚丽时，当地人会告诉你，看到极光的时候不要吹口哨。任何无理的行为，都将遭到魔咒诅咒，令你灵魂错乱。那些光有一种力量，让你不由地肃然起敬。面对这片原始、荒芜而又苍凉的土地，人们似乎已经感觉到了那种力量。

终于看到它了，就像一扇窗前，飞舞着的薄薄的窗纱，绿色轻盈的光照亮了整个夜空，那一刻如此震撼而神秘！它是拉普兰人所说的勇士的灵魂；是印第安神话里照亮夜路的巨人的火把；是爱斯基摩的亡灵休憩的伊甸园；是芬兰传说中灵狐跃过丛林时闪现的狐火……不知道它到底是什么，但看到了它，就像看到了自己不朽的梦想。观看极光的最佳地区是在北美洲，有时，极光活跃地带可以从北美洲延伸到很南的纬度。阿拉斯加山脉北部、育空地区中部、大奴湖周

围、任何一个加拿大北部州，以及冰岛全岛和斯堪的纳维亚北部都是理想的极光观测点。

最好的观察时间是在每年的8月15日到次年的4月15日之间，黄昏到黎明则是最佳观测时间段，最好选择没有月亮的夜晚，而且要尽可能远离城市和人类制造的光源。对于极光，经过所有的研究，许多问题仍然没有答案。“每次我们感觉已经与答案如此接近，即将揭开奥秘时，一些新的问题又出现了。”查尔斯·迪尔说。迪尔是阿拉斯加大学地球物理学会的极光预报员，该学会位于北半球极光活跃地区的中心费尔班克斯。当火箭在大气层上层划过，有时会留下飞行痕迹，就像喷气式飞机的飞行云。这些痕迹能帮助科学家研究在大气层上层极光对风的影响。另一个实验中，承载于火箭上的仪器将向大气层发射出带电粒子，模仿极光。这些实验能令我们对极光的了解更加精确、深入。

极光的颜色取决于粒子的类型，它们冲撞的是哪一种分子或原子，被冲击的气体中是否带电荷。在抵达大气层时，电子撞击氮，将产生红色的光，但如果它们撞击的是大气层上层的带电荷的氮，则会制造出蓝色和紫色的光。

大约在96千米的上空，与氧原子撞击所产生的是最常见的极光色——白中泛绿。而在60米的高空，氧原子散发出的却是深红色的光，也称作“血红光”。通常，只有在极地地区才能见到极光，但有时极光也会出现在比北纬40°还要偏南的地区。由于这两年属于“太阳活动高峰期”，更南的地区出现极光的现象会明显增多。在太阳活动高峰期，从太阳吹来的风暴“将用粒子填满地球的磁场”，迪尔说，太阳风“侵蚀”着地球磁场。这使得更多的粒子能够朝赤道飞移，因而扩大了极光发生的范围。所以，尽管很难预测极光发生的时间和地点，冬天北半球会有更多的人可以观看到极光。

遥远的呼唤

有些人称不仅看到了极光，还听到了极光的声音。自几个世纪前，第一次有此类报道开始，这个现象一直困扰着科学家们。极光发生在距地表96千米～320千米的高空中，那里空气非常稀薄，不可能传载声波。然而，类似的报道依然不断。物理学家罗伯特·H·依瑟在他的著作《壮丽的极光》中列举了许多这一类的报道。他写道人们所描述的伴随极光的声音都“非常相似，是一种微弱的沙沙、嘶嘶、嗖嗖或劈啪声”。

1916年，加拿大人类学家欧内斯特·霍克斯辩解说：“这些伴随着极光的嗖嗖和劈啪声是死去的幽灵试图与尘世间的人们沟通的声音。”科学家们持有疑问，但无法反驳这些报道。阿拉斯加大学的地球物理学者汤姆·哈林纳认为，大脑或许能够感应来自极光的电磁波，将其转化为声音。其他人则提出，“劈啪声”可能来自树木与建筑物的放电现象。面对这些未解的谜题，像查尔斯·迪尔这样的科学家们，将在整个冬季花去大部分时间，站在寒冷的室外，观测和沉思这个神秘的现象。

大气层到底有多厚？——地球的保护伞

概　述

地球表面由一个大气层包围着，人们根据它的特征将它分为不同的层次。每个层次有一定的厚度，但是它究竟有多厚呢？从发现有大气层以后，人们就一直在探讨这个问题。

大气层又叫做大气圈，地球就被这很厚的大气层包围着，大气层的空气密度随高度减小，越高空气越稀薄。人们根据一定的特征将其分为若干个层次——对流层、平流层、中间层、电离层和外大气层，每个层次有一定的厚度，但是将每层厚度相加却不是大气层的厚度，这是为什么呢？是因为每一个人的认识不同还是大气也会“胀缩”？1644年，托里彻利和维瓦尼通过实验推算出大气层的厚度大约是8千米。后来人们发现气体受到压力时体积会收缩，所以在大气层的垂直方向其高度随密度变化而变化，其中在海平面上的大气层最稠密，其厚度绝对不止8千米。

到了20世纪40年代，火箭技术获得了成功，人们用火箭探测大气上界的限度已超过400至500千米。后随着空间技术的发展，人们发现极光出现在800～1200千米上空，因此有科学家把1200千米作为大气的物理上界。随着对大气层的不断认识，美国科学家施皮策又把500～1600千米的高度称之为“外大气圈”，并认为大气由这一高度逐渐消融到星际特质之中去了。大气层上界大约是2000～3000千米。

而比利时的尼克莱发现320～1000千米高度范围存在一个“氦层”，在这层以外，还有一层更稀薄的“氢层”，它可能延伸到64000千米左右的高空。

由于科学家们划分的方法不同，大气层的厚度才出现了这么多的结果。大气层究竟有多厚，可能始终是科学研究的难题。

神秘消失的地壳——地球的衣服哪里去了？

概　述

地球由地壳、地幔、地核组成，但在大西洋，科学家却发现多达数千千米的地壳神秘消失，地幔直接裸露在外。

2007年，科学家在大西洋中脊发现一个奇怪的海底洞穴，多达数千平方千米的地壳在这里神秘地消失了，而本应位于地表下约6千米处的地幔却直接裸露在外。而地球由表及里是由地壳、地幔和地核构成，地幔的上一层应该是地表，还没有发现过地幔直接露在陆地外面的现象。人类在海底钻探曾经达到2111米，即便从最薄的地壳处开始钻起，也无法抵达地幔层。那么方圆数千千米的地幔上的地壳去哪里了呢？

据科学家考察，这个“海底黑洞”形成于大西洋板块以每年两厘米的速度分裂之时，因此他们认为大洞

中可能满是火山喷发物质。一般来说，当地球板块被撕裂时，地幔必将升起以填补裂缝。但这一过程却没有在这里出现，它与传统的板块构造学说相悖。

迄今为止，科学家们关于大西洋中脊的这个神秘“地壳空洞”基本存在着两种猜想：一种是，两大原本相邻的地质板块在发生游离时，导致原本位于底层的地幔上升。不过，上浮至地表的地幔并非熔化的岩浆，而是固态的石块。第二种，由于地壳发生断裂，导致海底地幔上方自然出现一个空洞。不过，也有科学家认为，“地壳空洞”的出现也可能是上述两种现象共同作用的结果。

但是到目前为止，关于这个黑洞的一切还是一个未解之谜。只有等待科学家的进一步探索，才能解开这个谜团。

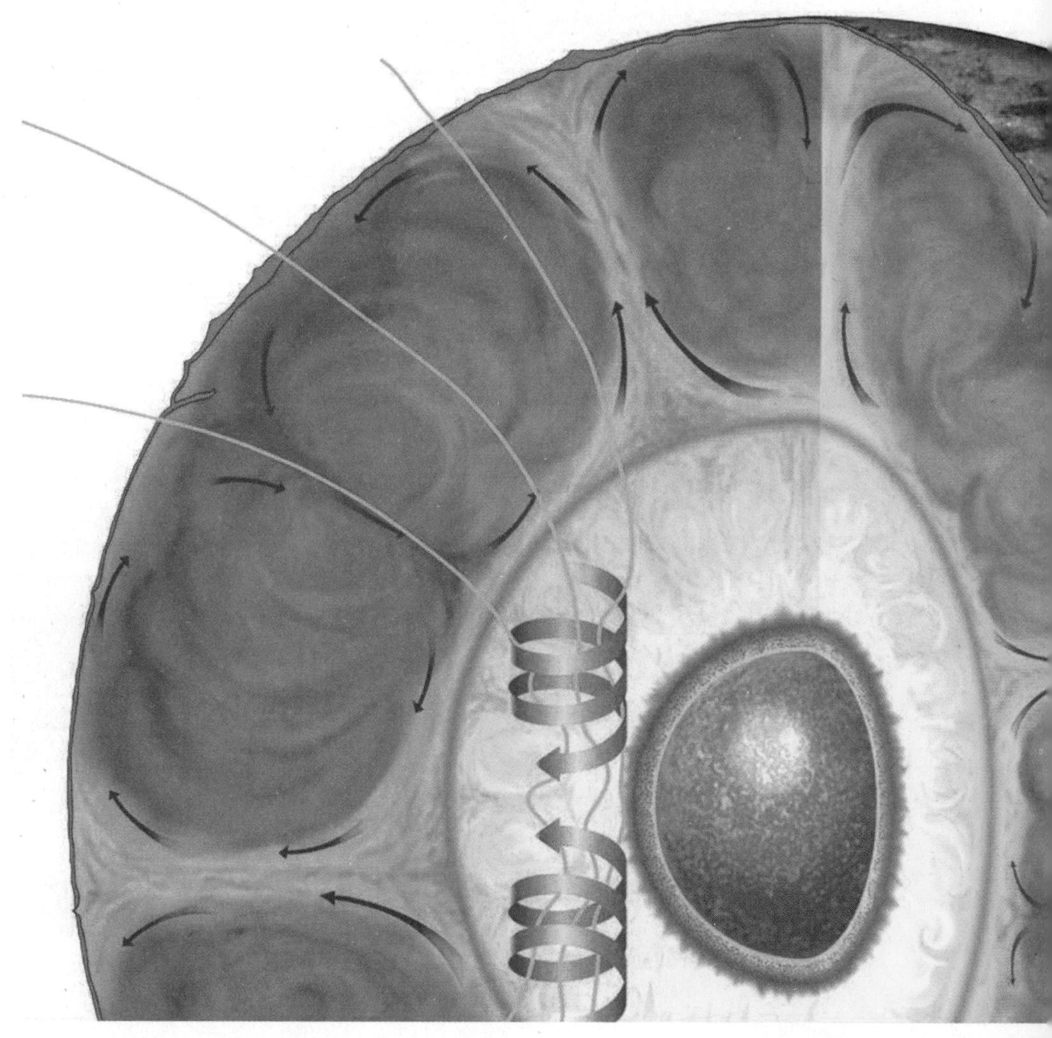

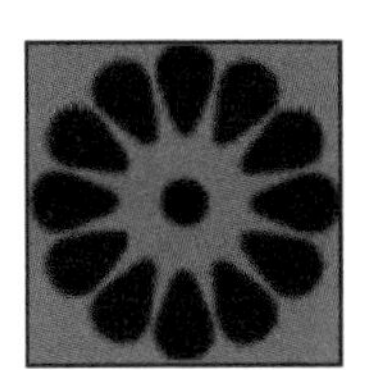

大陆和大洋的巧合——本是同根生

概 述

地理上的许多现象我们都无法解释，这究竟是某种巧合还是大自然的有意安排呢？这些现象让我们惊讶不解，不能用现代的观点解释清楚。也许在未来，当人类的科学知识到达最饱满的状态时，依然会有很多的谜团不能被破解吧。

北冰洋位于世界的最北端，介于亚洲、欧洲和北美洲之间，为三洲所环抱。它的面积仅有1310万平方千米，约相当于太平洋面积的1/4，是地球上四大洋中最小最浅的洋。它的冰层的平均厚度只有3米，这样就在北美洲和欧洲之间形成了一座坚固的海上“桥梁”。

北冰洋与南极大陆分别位于地球的两端，位置相差甚远，不应该会有什么关系。但有人却发现北冰洋和南极洲有着非常相似的面积和形态。北冰洋的面积为1310万平方千米，南极洲则为1400万平方千米，二者的面积大小十分接近。如果将现今的北极点和南极点重叠在一起，并将南极洲旋转75°以后叠置于北极地区之上，人们就会看到，南极洲正好嵌在北冰洋中，而且狭长的南极半岛的弧形尾部，正好落在北冰洋的挪威海与格陵兰海之间。更有趣的是，北冰洋的深度与南极洲的海拔高度之间也有一定的联系。北冰洋有深达4000多米的南森海盆和欧亚海盆，南极洲恰好也有高达4000多米的山峦与之相对应；北冰洋最深的地方是南森海盆的得特克

海沟内，水深5449米，而南极洲的最高点位于玛丽伯德地的文森山峰，海拔5140米。所有这一切似乎都表明南极洲好像是从北冰洋中挖出来的一样。

还有人发现，一个大陆与之相对的相反侧几乎全是海洋。有人用地球仪做了实验，以地心为中心，两手扣住地球两侧相同的地方就可以看到南极大陆的背后是北冰洋，非洲大陆的背后是中太平洋，欧亚大陆的背后是南太平洋，北美洲大陆的背后是印度洋，南美洲大陆的背后是西太平洋，澳大利亚大陆的背后则是大西洋。

这些有趣的现象是偶然的巧合呢，还是有什么内在的联系？目前人们还搞不清楚。据此有学者提出一种假说，认为全球大陆的发源地在北冰洋。也就是说陆地是从大洋中溢出并蔓延到地球的其他位置的。这位学者通过研究发现，陆壳上的主要地质构造多呈弧形，而在典型的洋壳上则几乎不存在弧形构造。他还发现陆壳上所有弧形构造都不是孤立存在的，它们分属于两大系统：一个是弧顶向南凸出的向南弧形构造系统，另一个是弧顶指向太平洋中心的向洋弧形构造系统。

他认为，最初地球表面是没有海洋和陆地的，后来在一定条件下，地球内部的熔融物质，从现在的北冰洋这个“窗口”中源源不断涌出来，按一定方式沿原始地表自北向南滚滚而去，并逐渐固结为最初的大陆地壳。据他推测，当时的大陆可能是连成一体的，而且面积没有现在这么大；陆地面积越小，它就越靠近北极地区，沿北极周围呈星星状分布，而且越靠近北极，越明显地显出倒三角形的形状，分布在大洋水体上。这不正是地球内部物质由北极而出向南流动的痕迹吗？唯一例外的南极洲则是已经到达终点的陆块。

随着大陆在原始地表上的出现，打破了原来地球上的平衡状态。此时地球内部有大量的岩浆喷出，足以引起太平洋原来地区的大规模陷落，首先导致了太平洋的产生。同时还导致原来太平洋的大陆向陷落中心倾斜，从而发生涌向太平洋中心的波浪运动，最终形成向洋弧形的构造系统。这样就使得原始大陆大幅度解体，进一步引起那些未被陆壳覆盖的原始地表的破裂。我们目前看到的岩浆物质沿破裂带上升，则与大洋中脊及一系列转换断层的形成有关。

不过，大部分人都反对这种说法，并且也没有证据证明全球大陆都是发源于北冰洋。但是这种巧合又如何说明呢？只有等科学解释了。

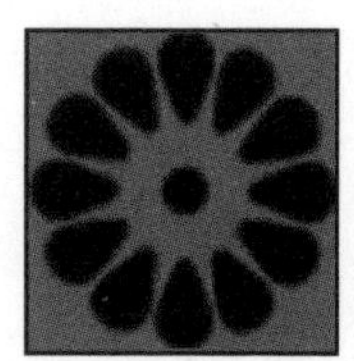

海平面的升与降——海洋与陆地之争

概　述

在大气的温室效应影响下，冰川在不断融化，这一变化引起了人们对海平面的关注。人们怕不断上涨的海水吞没自己的家园。但是也有人说，海水不但没有上升，反而下降了，这种说法是真还是假？

海平面上升是近几年来国际关注的事情之一。因为海平面上升不仅会淹没沿海土地，而且使得诸如海啸等海洋灾害次数将比现在多几倍。所以人们都密切观注着海洋的变化，害怕下一秒自己的家园就被它无情地吞没了。然而，不少人说海平面并没有上升，反而下降了，这种观点从何而来呢？

海平面上升还是下降

科学家对澳大利亚东南岸的45千米沙滩进行考察，发现在1870 ~ 1970年间，这里的海岸线后退了150米，平均每年后退1.5米。而现在人们普遍关注的问题是，由于全球气候变暖，导致海平面上升，这可能会让许多城市

和地区在若干年后被海水淹没。

在气候变化的同时，海洋表面出现升降是正常的自然现象。然而，现在的海平面发生如此大的变化，还有人为原因。

目前世界上许多科学家把海平面的迅速上升归结于人类过多燃烧煤和石油，致使大气中的二氧化碳剧增，进而产生"温室效应"造成的。按照这种理论，如果二氧化碳再成倍增长，那么南极西部的冰川很可能就会融化，其结果将使全世界的海面上升5米，进而导致世界上的沿海地区遭受灭顶之灾。然而，有些学者认为，虽然"温室效应"是存在的，但近年来在中高纬度地区的冰川不仅没有缩小，反而增大了，个别地方甚至产生了新的冰川。这说明，在中高纬度地区，二氧化碳的增多并未改变气候的自然趋向。因此，南极冰川融化导致海面上升的说法，可能并不准确。

还有学者指出，水体温度上升促使海水蒸发，一部分水由水体进入大气层，将导致海平面下降。另一方面，由于大量的水汽和尘埃的存在会使大气中的云量增多，进而全球性的降水就会增多。这样，冰川上的雨水补充增加了，水大量地积聚于两极的冰川，这也可能导致海平面下降。此外，还应当看到全球大中型水库等水利工程的作用，也可能会导致全球性的降温以及海平面下降。

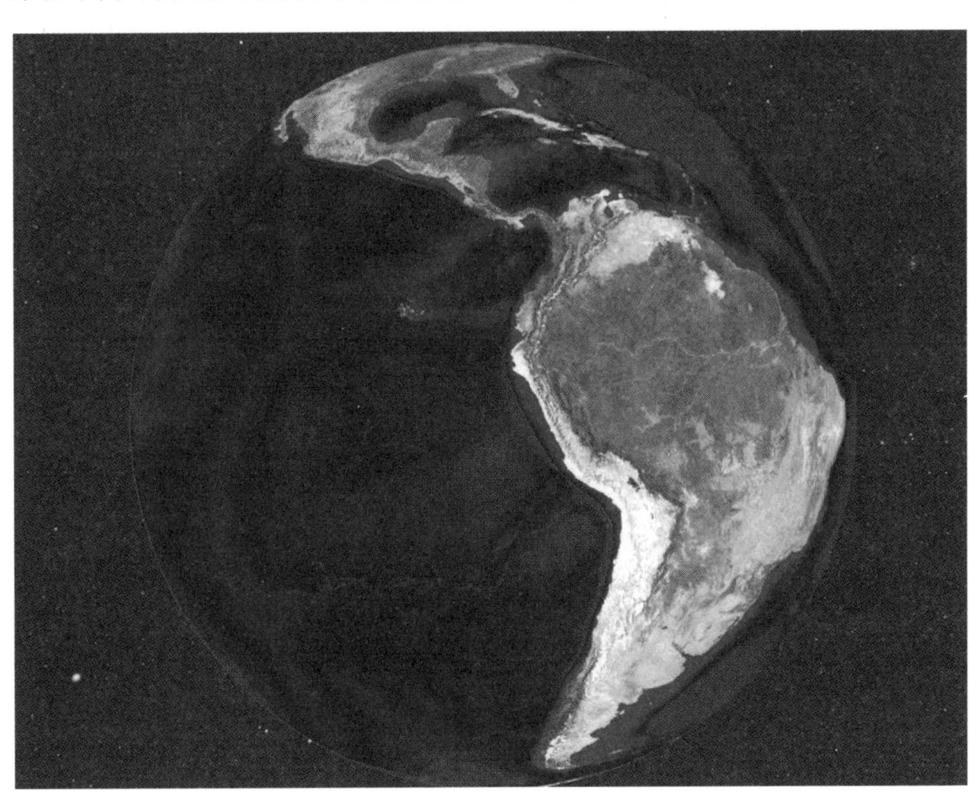

消失的冰盖——帽子哪里去了

概　述

冰盖是一块巨型的圆顶状冰，覆盖少于50000平方千米的陆地面积，犹如一个巨大的冰箱，使我们居住的星球保持冷却，将大量的太阳能反射回太空。但是现在，地球上冰盖正在消失，天然冰箱日益离我们远去。

地球上冰覆盖区的消失将会使全球气候产生重大改变。冰盖区，特别是极地冰盖区，会将大量的太阳能量返射回太空，这将有助于我们人类居住的星球保持冷却。然而，当冰融化后，陆地和水面就会暴露出来，使热量保留下来，从而导致冰体融化得更多，由此产生的连锁反应会加速增温的进程。而北极地区冰层的过度融化，会对欧洲部分地区和美国东部地区产生冷却效应，冰融水作为淡水流入北大西洋，可能会使目前海湾暖流向北流的这一大洋环流模式瓦解。

喜马拉雅山在融化

联合国环境规划署发现，喜马拉雅山区有近50座冰川湖水位迅速上升，可能会在5年的时间内冲破湖岸引发洪水。

联合国环境规划署的科学家花了3年的时间研究地形图、卫星照片和大气照片，发现尼泊尔20座冰川湖、不丹24座冰川湖正处在危险中。

科学家认为，全球气候变暖造成了冰川湖水位上升。科学家警告说，如果爆发冰川湖大洪水，数万人的生命将受到威胁。联合国环境规划署警告，如果喜马拉雅山冰川湖水冲破湖堤，洪水将携带泥沙一路向下冲击，将造成数百万美元的经济损失。

国际冰雪委员会所做的一项研究也表明，由于受全球变暖的影响，喜

马拉雅山的冰川正在加速消融，若按目前这种速度继续下去，到2035年，喜马拉雅山的冰川将不复存在。冰川加速消融的危害不仅仅是洪灾，发生泥石流、田地淹没的几率也很高，而且冰湖干涸后，随之而来的就是干旱。

地球新危机

20世纪90年代开始，全球冰盖呈现出加速融化的趋势。目前，全球冰盖正以有史以来最大速度在世界许多地区融化着。在过去的一个世纪中，由于人类活动产生的二氧化碳及其他温室气体的大量排放引发的全球增温效应，最先看到的环境变化迹象就是冰盖融化的加快。最为敏感也最为急剧的变化发生在极地地区。最近几十年来，这些地区已有大量的冰盖融化消失。北极海冰区据估计在1978～1996年间面积缩小了6%，每年平均消失的海冰面积达3.4万多平方千米。北极地区的格陵兰冰盖，作为南极以外最大的陆地冰体，其冰储量占世界的8%，然而自1993年以来，冰盖的南部和东部边缘正以平均每年1米的速度变薄！平均厚度2300米，占世界冰储量91%的巨大南极冰盖也正在融化。1998年以来，占南极冰盖总面积1/7的冰体已消失，而且已发现巨大的冰山从南极冰盖中断裂出来，威胁到这一地区航道的正常运行和南极动物的生存。科学家们预计到2050年，全

球大约1/4以上的山地冰川将消失，到2100年可能达到50%，到那时可能只有在阿拉斯加、巴塔哥尼亚高原、喜马拉雅山和中亚山地还会有一些大的冰川分布区。在未来35年间，喜马拉雅山的冰川面积预计将缩小1/5，达到1万平方千米。

部分地区会严重缺水

随着山地冰川的退缩，大部分以冰川径流作为水源的地区将会发生严重的缺水危机。在秘鲁马利市，冰川是当地的传统供水源，然而近年来该地区的冰川正以每年30米的速度消融，在1990年以前，冰川消融的速度每年只有3米。这种情况威胁到该市数万居民的生活用水。在印度北部，已经有些地区面临着严重的水短缺。据统计，这些地区有500万人依靠由冰川补给的印度河和恒河的各支流进行灌溉及提供生活用水。但是，随着喜马拉雅山冰川的融化，这些河流流量在最初一段时间水量会增加，当达到临界点后河水流量就会逐渐下降到危险的低水平，特别是在夏季，冰川的快速消融还会造成严重的洪水危害。

海洋平面会迅速上升

大规模的冰融化还会引起海面上升，淹没沿岸大片的地区。目前全球约有一半人口居住在这些地区。在过去的一个世纪里，冰盖和山地冰川的融化，是导致全球海平面上升10～25厘米的原因之一，其余的上升原因是全球增温引起的海洋热膨胀的结果。但冰融化导致海面上升的数值正在增加，如果较大的冰盖不断发生崩解，将会使其加速。南极冰盖占据全球淡水资源的70%，如果南极冰盖发生崩解，估计会引起全球海平面上升近6米，而如果南北极两大冰盖全部融化，其结果会使海面上升近70米。

极地动物生存受威胁

特别是在两极地区，这些地区的海洋哺乳动物、海鸟和其他动物都依赖于在冰盖边缘寻找食物。在加拿大北部，已有与冰盖变化相关的北极熊饥饿与体重减少的报道。在南极洲，海冰的消失伴随着气温上升和降水量增加，正在改变着企鹅和海豹的习性及捕食和繁殖方式。由于冰川和冰盖的消融，许多几百年至几万年前埋藏于冰盖中的微生物被暴露出来，这些微生物的扩散可能会影响到人类的健康。由于冰体的消融改变了全球的生态平衡，一些动植物的生活环境被破坏，导致生物迁移和灭绝，这都将对人类生存环境造成威胁。

吞噬生命的沙漠——沙子从何而来？

概　述

沙漠，一个吞噬了许多文明，使很多地方寸草不生的魔鬼还在吞噬着我们的家园。据统计，地球上沙漠总面积占地球陆地总面积的1/10，有1500多万平方千米，而且沙漠的面积还在不断地扩大。而面积如此广大的沙漠究竟是怎样形成的呢?

提起沙漠，人们眼前便会映出一片金色的沙子和毒辣的太阳，还有行走的骆驼，绿色的仙人掌，以及人们饥渴的样子。沙漠，一个吞噬了许多文明、使很多地方寸草不生的魔鬼还在吞噬着我们的家园。据统计，地球上沙漠总面积占地球陆地总面积的1/10，有1500多万平方千米，而且沙漠的面积还在不断地扩大。而面积如此广大的沙漠究竟是怎样形成的呢?

传统的观点认为，沙漠是地球上干旱气候的产物。从地球上沙漠的分布来看，也证实了这一观点。目前世界上的大部分沙漠主要分布于北非、西南亚、中亚和澳大利亚。如北非的撒哈拉大沙漠、南亚的塔尔沙漠、澳大利亚的维多利亚大沙漠等等。这是因为地球自转使得这些地带长期笼罩

在大气环流的下沉气流之中，气流下沉破坏了成雨的过程，形成了干旱的气候，造就了茫茫的瀚海大漠。然而，这一理论并不能解释所有沙漠的成因。比如塔尔沙漠，它的上空湿润多水，而且当西南季风来临时，空气中水汽的含量几乎能与热带雨林地区相比。于是有人认为，尘埃是形成塔尔沙漠的主要原因。科学家们发现，

塔尔沙漠上空的空气浑浊不堪，尘埃密度超过美国芝加哥上空几倍，白天遮住了阳光，大气灰蒙蒙的，略呈暗红色，夜间也不见群星。尘埃一方面反射一部分阳光，另一方面又吸收一部分阳光，使其本身增温而散热。白天，因为尘埃弥漫使得地面不被加热，空气就不能上升。夜间，尘埃以散热冷却为主，空气下沉，同时也减弱了地面的散热。于是此地既无降雨条件，又无成露的可能。尘埃在这里竟制服了湿气，使地面只能形成沙漠。那么，这么多的尘埃又源于何处呢？有的学者指出，塔尔沙漠的尘埃最初是人类制造的，人类是破坏生态环境、制造沙漠的真正凶手。

同样，关于撒哈拉沙漠的成因的说法也不相同。撒哈拉沙漠的大部分地区在远古时代曾是一片植物茂盛的肥沃土地，绿叶葱翠，禽兽成群，万木竞荣。大部分人认为，由于人类破坏了原有的生态环境，这里才变成了沙漠。干旱的气候不是元凶，它只是提供了形成沙漠的适宜条件。但也有人不完全同意上述观点，认为撒哈拉沙漠的形成最初是很缓慢的，直至公元前5000年，不知从什么地方飞来铺天盖地的黄沙，才使此地变成了辽阔无际的沙漠瀚海。然而这突如其来的黄沙又是从哪里飞来的呢？没有人能确切地回答这一问题。人类不适当地开发自然，固然会使丰美的草原上森林退化成沙漠，但是沙

漠本身成为一种生态类型，早在人类出现以前就存在了。

人类出现在地球上之前，沙漠是如何产生的呢？到底是谁制造了沙漠？是人类，是气候，还是人类和干旱气候共同制造了沙漠？这些问题还在争论中。

科学探索丛书

第二章

迷雾重重的大灾难

火山喷发的炽热岩浆、雪崩催发的致命气浪、洪水引发的滚滚波涛、飓风带来的超级气旋，都对人类的生存构成巨大的威胁。此外，雷电、龙卷风、酸雨、泥石流等一再吞噬着无数的生命。这些大灾难向人们展示了地球“魔鬼”的一面，对此，人们除了事先预防，毫无办法。

火山喷发是怎么回事？——是谁惹怒了火山

概　述

火山喷发使岩浆等喷出物在短时间内从火山口向地表释放。那么火山喷发的诱因是什么呢？随着科技的发展，地质学家们在原先传统观念的基础上又提出了新的观点为我们作答。一说起火山喷发来，人们就谈“虎”色变，因为火山喷发极具危害性和毁灭性，给人类带来巨大的灾难。然而，火山喷发到底是怎么一回事？为什么具有这么大的威力呢？人们对这个问题一直表示迷惑。

在地球上已知的“死火山”约有2000座；已发现的“活火山”共有523座,其中陆地上有455座，海底火山有68座。中国最早记录的活火山是山西大同聚乐堡的昊天寺，它在北魏(公元5世纪)时还在喷发；东北的五大莲池火山在1719年～1721年，还猛烈喷发过。

1951年5月，新疆于田以南昆仑山中部有一座火山爆发。当时浓烟滚滚，火光冲天，岩块飞腾，轰鸣如雷，整整持续了好几个昼夜，堆起了一座145米高的锥状体；至于台湾北部海拔1130米的活火山——七星山，迄今还在喷发着大量硫磺热气。

1916年和1927年，台湾东部海区的海底火山先后爆发过两次，呈现出“一半是海水，一半是火焰”的景象，蔚为壮观；印度尼西亚有六十余座火山，2007年4月14日，在印度尼西亚东爪哇诗都阿佐地区，大量房屋被“泥火山”喷出的泥浆所淹。

火山喷发的例子不胜枚举，那么，火山喷发到底是怎么发生的呢?

火山喷发是岩浆等喷出物在短时间内从火山口向地表的释放。根据传统理论，火山喷发是因为岩浆在向地面上升的过程中被打碎，释放出气

泡，气压增大，使气泡膨胀速度加快，使得岩浆在压力的作用下突然喷涌而出（有点像瓶装香槟酒），接着便下起了火山灰雨和浮石雨——这种"雨"是毁灭性的。火山喷发是一种奇特的地质现象，是地壳运动的一种表现形式，也是地球内部热能在地表的一种最强烈的显示。

但是，2007年4月14日，在印尼发生的那次火山喷发，使人们对火山喷发的原因又有了新的观点。74位著名地质学家在南非举行的会议上得出结论，印度尼西亚鲁西泥火山喷发由钻探石油和天然气这一人为因素所导致。

然而，火山喷发的原因究竟是纯属自然界的内在力量促成的，还是与人类对地球的频繁钻探活动有关系呢？对于这个问题，我们目前尚无定论。

喀拉喀托火山还会引起巨大灾难吗？——埋藏在地球内部的地雷

概 述

喀拉喀托火山是一座活火山，在历史上曾持续不断地喷发，最著名的一次是1883年的大爆发，释放出250亿立方米的物质，远在毛里求斯岛都能够听到这次喷发的剧烈声响，是人类历史上最大的火山大喷发之一。这次喷发以及继发的海啸摧毁了数百个村庄和城市，36417人死于非命。原有的喀拉喀托火山的2/3在爆发中消失，新的火山活动自1927年又产生了一个不断成长的火山岛。

喀拉喀托火山位于印度尼西亚爪哇岛西部和苏门答腊岛东部的巽他海峡，在1883年8月27日喷发，一共喷发了4次。喷发所产生的能量是规模最大的氢弹试验的26倍。其中第三次喷发发生了巨大的爆炸，整个地区笼罩在一片飞沙走石和有毒气体下，天空一片漆黑，连距其560千米之外的爪哇岛卡里蒙都能听到爆炸声。

其实，早在1883年喷发的前一年，火山附近的地震便开始频繁起来。7月20日开始，火山开始喷发，喷发所造成的波动使得停泊中的船只须以铁链加以固定。8月11日更大的喷发发生，火山灰从至少7个孔冒出。8月24日喷发变得更频繁。8月26日，火山进入了阵发期，每隔10分钟可以听到连续的爆炸声。8月27日，该火山进入了最后剧烈变动的阶段。每一次喷发都伴随着大海啸，据说海浪超过了30米高。连3500千米外的澳大利亚与4800千米外的罗德里格斯岛都能听到喷发的剧烈声响。

在这次火山大喷发时，爪哇岛上的火山全部都喷发了，这次大喷发导致100千米长的坎当斯火山山脉沉入大海，80平方千米的地面陷入海中，1.5万人在内格里城消失。火山喷发引起的大浪迅速向苏门答腊、爪哇岛的广大地区猛烈袭去，西印度群岛的300多个城镇被淹没。据说在距火山2000多千米的海上，船只的甲板上都盖着一层厚厚的火山灰。上万具尸体漂浮在水面上，默拉克岛和居住在上面的人们也一起葬入海底。同时，14个火山口从海中升起，还喷发着炽热的岩浆。连世界瑰宝巴龙布图大寺院也在岩浆下变成一堆废墟。该寺建于公元790年，寺中有4000多座精美的浮雕。更为可怕是，海浪虽然不断减弱，但还是席卷了世界的许多地方。喀拉喀托火山引发的地震越过大海，一直波及到2800千米外的锡兰(斯里兰卡)首都科伦坡，以及4300千米外的印度第二大城市孟买。在8000千米外的合恩角，海浪以每小时500多千米的速度向陆地扑去。

火山喷发后4小时，4800多千米外的地方仍可以听见类似重机枪的咆哮声。根据《吉尼斯世界纪录大全》提供的数据，全世界有超过1/13的人听到喀拉喀托火山的怒吼声。喷发过程中，浮石被喷射到约合55千米的高空，火山灰10天之后才落到4828千米外的地方。成群的浮石在海上漂浮了几个月，空气中的微粒让全世界的落日变成鲜艳的红色。此后小型的喷发一直持续到了10月。喷发过后，原来的火山岛大部分消失，只剩下原来的南部，并留下了一个250米深的破火山口。

这场灾难共夺走了3万多人的生命，许多苏门答腊与爪哇的定居点被毁。许多文件报告发现了人类尸体被冲上了东非海岸。喀拉喀托火山喷发所造成的海啸，在2004年南亚海啸发生前是印度洋地区所造成死伤最惨重的海啸。一些爪哇地区的人口自此就没有再恢复到原先的水平，这些地区重新被丛林所占据，并成为库隆角国家公园的一部分。

虽然自此喀拉喀托火山平静了一段时间，但在1927年12月又沿着先前火山锥的同一路线在海底再次喷发。1928年初，一座火山锥突出海面，到1930年已变成一座小岛，名为阿纳喀拉喀托，意为“喀拉喀托之子”。从那时起，火山活动断断续续地发生，这座火山锥现已继续升高到海面以上约300米。其高度每周大约增长12厘米。而据报道，印度尼西亚喀拉喀托子火山，在2007年10月30凌晨发生了37次小喷发。

有人说喀拉喀托子火山按照现在的增长态势，迟早有一天会再次大规模地爆发，那时又会引发起大灾难，全世界可能会遭受比1883年更严重的灾害。但也有人不同意此观点，关于1883年这场最严重的火山大爆发在此之前并没有类似的记载，这说明1883的火山大爆发是偶然性的，现在喀拉喀托子火山还在小规模地喷发，以后仍将是小规模地喷发。

虽然我们无法预测喀拉喀托子火山在未来是否还会酿成像1883年的巨大灾难，但是现在人们已经在密切关注喀拉喀托子火山了，在火山频发时禁止游人靠近。而且现在在喀拉喀托子火山周围已经无人居住了，这些措施都会在火山再一次喷发时最大限度地减少生命财产损失。

虽然火山喷发可在短期内给人类的生命财产造成巨大的损失，甚至给许多人带来灭顶之灾，然而火山喷发后，能给人类提供丰富的土地、热能和许多种矿产资源，还能提供旅游资源。所以我们在预测火山喷发时，也可以规划其喷发后的经济价值，让火山喷发也为人类服务。

悲惨的大雪崩——白色死神

概 述

雪崩对人类而言是危害较大的自然灾害之一，几乎很少有人能逃脱它的魔掌。当浩荡的雪崩奔腾而下时，它将一切的生命都吞没了，大地只剩下一片白色，而巨大的白色死神下掩盖着怎样的真相，就变成了永远的谜团。

雪崩通常从山顶爆发，以极高的速度呼啸而下，巨大的力量将它所过之处一扫而尽。有些雪崩中还夹带大量空气，这样的雪崩流动性更大，有时甚至可以冲过峡谷，到达对面的山坡上。有些雪崩会产生足以横扫一切的粉末状摧毁性雪云。其实在雪崩中，比雪崩本身更可怕的是雪崩前面的气浪。雪流能驱赶着它前面的气浪，而这种气浪的冲击比雪流本身的打击更加危险，气浪所到之处，房屋被毁、树木消失、人会窒息而死。因此有时雪崩体本身未到而气浪已把前进路上的一切阻挡物冲得人仰马翻。

1954年，美国某车站附近突然发生了雪崩，雪崩产生的气浪将40吨重的车厢抛出了百米之外，又将笨重的电动机车撞向车站，整个车站瞬间变成废墟。1991年1月中日联合登山队在梅里雪山海拔5300米的3号营地不幸遭遇百年不遇的大雪崩，17名队员在睡梦中被巨大的雪浪卷走，直到1998年7月18日，他们的部分遗体才在海拔4000米的大冰瀑下被发现。

贯穿秘鲁境内的安第斯山脉也经常发生雪崩。安第斯山脉的瓦斯卡兰山峰是秘鲁最高的山峰，海拔6768米。山上常年积雪，“白色死神”就诞生在这里。1941年的雪崩产生了一个冰湖，冰湖融化成洪水，淹没了瓦

拉斯镇，导致约5000人死亡。1962年1月10日下午6时13分，瓦斯卡兰山峰又发生雪崩，瓦拉斯镇又成为这次灾难的牺牲品。镇上的2000多居民仅有几十人侥幸逃命，在该镇下方的5个村遭受了灭顶之灾。这次大雪崩一共毁灭了6座村镇，毁坏3座村庄，并使4000人死亡，10000多头牲畜丧生，庄稼损失达120万美元。它是世界上造成人员死亡最悲惨的第五大雪崩灾害。

1970年5月31日20时23分该地又发生地震，剧烈的地震波把瓦斯卡兰山峰上的岩石和冰雪震裂、震松和震碎。霎时间，冰雪碎石在强大的气浪下朝山下翻滚。它下面的容加依城遭到了毁灭性的破坏，约2万居民死亡。

惊恐的人们不得不思考雪崩会何时再次出现，行踪诡秘的雪崩使得身处雪山的人们无时无刻不面临着死亡的危险。但是人们目前所能做的只能是预防，而无法控制雪崩。没有人知道雪崩会何时再来临，美丽的雪峰就像一个顽皮的孩子捉弄着人们。

危险的黄石公园
——存在于地球内部的“定时炸弹”

概　述

美国西部的黄石公园始建于1872年，是世界上历史最悠久的自然保护区。每天有数以万计的游人来这里观光旅游。但是，谁也没有想到：公园的地下岩浆正在一天比一天激烈地滚动，这浩大的岩浆层简直就是埋伏在地下的定时炸弹。

黄石公园是世界上最原始最古老的国家公园。它位于美国西部北落基山和中落基山之间的熔岩高原上，绝大部分在怀俄明州的西北部。海拔2134～2438米，面积8956平方千米。

科学家为此感到忧心忡忡。这个地下的“超级火山”，总有一天会爆发，其强度将与一颗小行星撞到地球上相差无几。

地质学家们发现，黄石公园所在的地壳中，有一个盛满岩浆的洞。就在北美大陆缓慢地漂过洞顶的时候，岩浆的巨大热量，便会熔化板块上的岩石，使得大陆板块越来越薄，而它下面滚烫的岩浆却在渐渐增多，离地表越来越近。地下越聚越多的岩浆处

于极大的热压力之下。这种压力正在不断地升高，一旦超过临界值，便会爆发出来。伦敦的本菲尔德—格瑞格危险研究中心的火山学专家麦克吉尔说道：“黄石公园就像盖在一个巨大的高压锅上的不很结实的锅盖。”

这个超级火山如果一旦爆发，那么它所释放出来的岩浆、灰烬和气体之多将超乎人们的想象。科学家们通过分析得出结论：黄石公园下的岩浆体积有40～50千米长，20千米宽，大约10千米厚。而且这团岩浆，还在继续变大。

黄石公园内10000多处的间歇泉就是地下岩浆活动的结果。岩浆在地下不仅能将水加热，有时还能使它达到沸腾的程度，形成大量水蒸气，体积膨胀，产生压力。这时，如果泉水涌出地面的通道细长狭窄，并且被温度较低的水堵住，水蒸气就会越聚越多，压力越来越大，当到了无法堵塞时，就会像火山爆发似的喷出来。

这样，堵塞在通道中的水便会凌空而起，形成一股高达几十米的水柱。在大量水蒸气喷出以后，地下的压力减轻了，泉水恢复常态，当水蒸气聚集多的时候，就会再一次喷发。因此，这些天然喷泉的喷发是很有规律的。

那么，这个超级大火山何时喷发呢？地质学家发现，在地球史上，那里曾经发生过3次这样的火山爆发，其爆发的时间很有规律。第一次，是在200万年前，随后是在140万年前。最后一次，是在大约63万年前。假如它遵循每隔60万年爆发一次的规律的话，可能很快就到时候了。由于人们从来没有观察或记录过这个“超级火山”的爆发过程，所以，人们也不知道它爆发前会有什么征兆。

人们猜测在这个“超级大火山”爆发以前，是不是会先发生一些地震作为前兆，还是会发生小型的气体喷发，或者没有任何征兆忽然爆发？“我们根本就不知道我们应该注意观察什么。”科学家颇有些束手无策地

说道。只有在火山爆发的后果方面，科学家们才有几分把握。

当这座“大火山”爆发时，其爆炸声在世界各地都可以听得到。全球的天空将会灰暗下来，天上将会下起黑雨，地球上将是一派荒废景象，就像经历了一场原子战争，只是没有放射性。长年研究火山爆发对生态环境所造成影响的纽约大学生物学家拉姆匹诺说：“假如黄石公园下的火山爆发，将给美国，也说不定是将给整个世界，带来灾难性的后果。”

地球上已知的最后一次超级火山爆发，发生在大约74000年以前，地点是苏门答腊岛上名为“多巴”的超级火山。人们今天还能够看到的是一个长100千米、宽60千米的破火山口，里面充满了湖水。它就是如今印度尼西亚最大的内湖——多巴湖。多巴火山爆发后，天空灰暗，使得地球上的气温平均下降了5℃，持续多年。在地球北部甚至下降了15℃。进化学家认为，当时人类差一点就被灭绝，只有少数的一群人幸存，保住了人种。

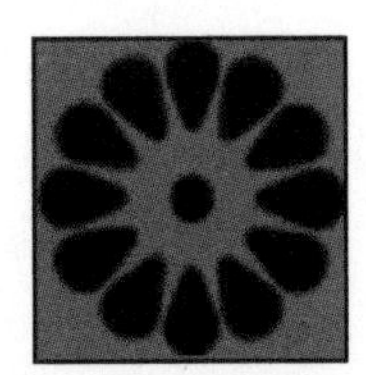

人类的敌人——赤潮是如何形成的?

概　　述

伴随着科学技术的发展，人们的生活水平日益提高，但与此同时，自然灾害也频繁发生，其次数和危害也与日俱增，赤潮就是其中的一种。赤潮又称红潮，是海洋生态系统中的一种异常现象。赤潮被人们喻为“红色幽灵”，国际上称其为“有害藻华”。

有资料显示，目前，赤潮已成为一种世界性的公害，美国、日本、中国、加拿大、法国、瑞典、挪威、菲律宾、印度、印度尼西亚、马来西亚、韩国、中国香港等三十多个国家和地区赤潮发生都很频繁。其中日本是受害最严重的国家之一。

我国在近十几年来，由于海洋污染日益加剧，赤潮灾害也有加重的趋势，由分散的少数海域，发展到成片海域，一些重要的养殖基地受害尤

赤潮又称红潮，是海洋生态系统中的一种异常现象。赤潮被人们喻为“红色幽灵”，国际上称其为“有害藻华”。对于赤潮，人类早就有其相关记载。中国早在两千多年前就发现赤潮现象，如清代的蒲松龄在《聊斋志异》中就形象地记载了与赤潮有关的发光现象。

重。如在浙江附近就曾发现赤潮，而且其近岸海域发现赤潮的时间越来越早，次数越来越多。《光明日报》2001年6月11日第4版载，当年在浙江发现多次赤潮现象：4月9日，平阳县南煤岛出现小面积赤潮；5月10日，舟山中街列岛海域发生大面积赤潮，颜色为褐红色，呈条状分布；5月12日，嵊泗县嵊山岛周围发现赤潮；5月13日，宁波附近虾峙门、渔山至头附近海域发生小面积赤潮，呈条状和块状分布；5月15日，南鹿岛和大陈岛附近海域发现赤潮……

赤潮是海洋受到污染后所产生的一种生态异常现象，形成的直接原因是有机物和营养盐过多而引起的。赤潮的颜色是多种多样的，主要由引起赤潮的海洋浮游生物决定。由夜光虫引起的赤潮，呈粉红色或深红色。由某些双鞭毛藻引起的赤潮，呈绿色或褐色。据统计，能引起赤潮的浮游生物有上百种，其中甲藻类是最常见的赤潮生物，有二十多种。

一旦发生赤潮，就会给海洋中生活的其他生物、给海洋环境乃至生活在这一海域沿岸的居民造成严重危害。它能造成海洋鱼类和贝类大批死亡。如果人食用了被赤潮污染的鱼或贝，也能造成死亡。

尽管当今人们已投入大量人力物力去研究赤潮，但是，直到今天，人们对引起赤潮的原因还没有完全弄清楚。赤潮发生的机理以及赤潮与各种海洋环境要素的关系，仍然是科学家们正在深入研究的课题。比如说，现在普遍认为，赤潮与海洋污染有密切关系。但是，人们在远离海岸的大洋深处也发现过赤潮，这是为什么呢？难道除了海区富营养化能引起赤潮外，还有别的原因吗？此外，人们还发现，暴雨过后，海水表层盐度迅速降低，也能刺激赤潮生物的大量急剧繁殖，这又是为什么？正因为人们无法弄清赤潮的真正成因和发生规律，所以现在我们也不能提前获知赤潮发生的时间和区域，也就无法进行准备和防范。

洪魔肆虐的江淮流域——容易发生水患的流域?

概　述

洪灾是指一个流域内因集中大暴雨或长时间降雨，汇入河道的径流量超过其泄洪能力而漫溢两岸或造成堤坝决口导致泛滥的灾害。它们都是自然界的严重灾害，给人们的生活生命带来巨大威胁。

洪水是河、湖、海所含的水体上涨，超过常规水位的水流现象。中国的“洪水”一词，最早出现于先秦古籍《尚书·尧典》，该书记载了4000多年前黄河的洪水。

1931年，中国正处在内忧外患的困境中，内部军阀混战，外部日本帝国主义侵占了整个东北。同年，又遇到了百年不遇的大洪水。

1931年6至8月，北方冷空气势力强盛，活动频繁，在长江、淮河流域形成大面积的强降雨，也因此发生了历史上罕见的江淮并涨的大洪水。这次洪水淹没农田5000余万公顷，受灾人口达2100余万，死亡人数75000多人，经济损失3.64亿银元。随后而来的瘟疫又让死者达数万人。

据有关资料显示从1901年～1948年的48年中，淮河全流域共发生42次水灾，最突出的大灾有1916年、1921年和1931年三次，淮河也因此被称为“中国最难治理的河流”。而据不完全调查显示，在新中国成立前的50年间，淮河流域出现了500次较大的水灾、280次旱灾。

那么淮河流域为什么发生这么多次的灾害呢?

淮河地处我国东部，介于长江和黄河流域，流域面积达27万平方千米。淮河流域地处我国南北气候过渡地带，淮河以北属暖温带区，以南属北亚热带区，早在《晏子春秋》中就有“橘生淮南为橘，生于淮北则为枳”的记述。淮河流域气候温和，

降水充足，但同时淮河流域的降雨分布又十分不均匀，南北相差500～600毫米，多雨年与少雨年的降雨量相差三四倍之多。冬季干旱少雨，夏季降雨集中，汛期持续时间长。现在的研究表明，这种气候过渡地带是地球上典型的孕灾地区。

也有人指出淮河流域地处我国中原腹地，平原面积占2/3以上，平原河流多，排涝能力差。另一方面历史上的黄河南泛，毁坏了淮河的固有水系，堵塞了淮河入海口，并给淮河流域留下了约1万亿立方米的泥沙，加重了淮河的灾害。

还有人认为淮河上中游水系呈不对称的扇形分布，南岸支流众多，均发源于山区和丘陵区，源短流急，较大的支流有史灌河、淠河、东淝河、池河等。史灌河、淠河是南岸主要支流，均发源于大别山区。北岸主要支流有洪汝河、沙颍河、涡河、包浍河等。沙颍河为淮河最大的支流，发源于伏牛山区。每降暴雨，众多支流很快将广大地区内的地表水汇入淮河主干道，势必造成巨大压力。而且从淮河发源地河南桐柏山到洪河口上游的364千米河段就有178米落差，占总落差的89%。洪水到了地势平缓的中下游会下泄得十分缓慢。

另外，淮河的暴雨多集中在6～8月，暴雨的频繁也是造成洪灾的重要原因。

1950年毛泽东主席发出“一定要把淮河治好”的号召，人们在治淮方面取得一定成绩，淮河的水患也得到一定的控制。但是从20世纪90年代开始，随着沿淮乡镇企业大规模发展，大量工业污水不经任何处理径自排入淮河，导致淮河水质迅速恶化。

1991年江淮和太湖流域连降大暴雨，江淮降雨量累计超过800毫米。洪水似脱缰的野马奔泻直下，注入城市，吞噬村庄，淹没了安徽、江苏、河南等省的大片土地。整个梅雨期间，太湖地区和江淮流域的雨量多达700～1000毫米，比往年梅雨量多3～6倍。据资料显示，在1951年爆发的洪灾使苏皖两省农作物受灾面积9.2万公顷，绝收面积225万公顷，倒塌房屋200余万间，损坏房屋300余万间，数万工矿企业受淹，公路、桥梁、街道、通讯设备和学校、医院等遭到严重破坏，直接经济损失达400亿元以上，死亡801人，伤14478人。

洪水灾害是人类面临的主要自然灾害之一，洪水会吞噬生命，冲毁建筑、道路和桥梁，淹没农田和村镇，使人们流离失所。所以如何治理淮河是我国迫在眉睫的问题，希望有一天，淮河两岸不再有洪水发生。

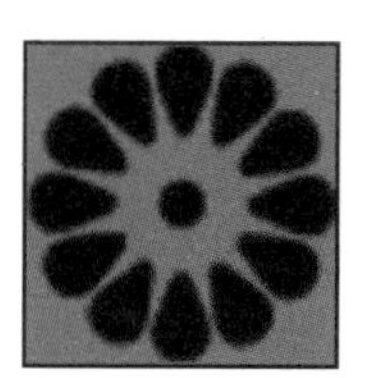

横扫美国的“卡特里娜”飓风——台风中的杀手

概 述

台风和飓风都是产生于热带洋面上的一种强烈的热带气旋。因发生的地点不同而叫法不同：在美国一带称飓风；在菲律宾、中国、日本、东亚一带叫台风；在南半球称旋风。2005年以来，大西洋上共形成了26次热带风暴，横扫全球。其中14次威力达到飓风级强度，无情地冲击着沿岸各国，特别是给美国南部及中美地区带来严重灾难。

2005年8月25日，“卡特里娜”飓风横扫美国佛罗里达州及墨西哥湾沿海地区。飓风夹着暴雨，肆虐在海滨城市街道间，所经之处，电力中断、道路淹没，并使美国新奥尔良市防洪堤决口，市内80%的地区成为一片“汪洋”，造成1200多人死亡。新奥尔良市所在的墨西哥湾地区是产油区，占美国国内原油生产能力的35%，飓风造成了墨西哥湾附近1/3以上油田被迫关闭，七座炼油厂和一座美国重要原油出口设施也不得不暂时停工。上万名灾民躲在新奥尔良的超级穹顶体育馆和新奥尔良市的会议中心。为了把这些难民疏散到离这里500多千米的休斯敦临时收容所，州政府动用了400多辆公共汽车。这次天灾还引发了人祸，为了抢夺水和粮食，8月31日，一伙抢掠者冲进一家商店，抢走储存在那里的冰块、水和食物。还有的抢掠者劫持了警方装满了食物的卡车。新奥尔良市的一家疗养院原本准备了足够吃10天的食物，但一群人冲进疗养院，把住在那里的80多名坐着轮椅的人撵走后，将食物据为己有。不过，还有很多抢掠者并非因为饥饿作案，新奥尔良市一家医院的停

车场里，很多汽车的电池和音响被人偷走。随后美国派出几百名警察进驻新奥尔良市，全面维持近乎瘫痪的秩序。这场大灾难给美国造成经济损失达340多亿美元，成为美国历史上最严重的一次自然灾害。

到底是什么原因让飓风越来越“猖獗”了呢？人们几乎把目光同时投向了全球变暖上。

一些科学家认为全球变暖可以显著加强台风活动，并且已经导致了更强烈的台风活动。他们的主要依据是：全球热带气旋在过去的30年里总体有显著增强的趋势。而且这种趋势与热带气旋发生发展区域的海温升高趋势相吻合；全球热带海温升高似乎是唯一能解释全球强热带气旋（4～5级飓风强度）过去30年在不同海域显著增加的因素；全球热带海温升高可以从理论上说明强热带气旋增加的物理机制；动力模型显示，在全球变暖气候背景下，强热带气旋发生频率有增加的趋势。并且他们认为2005年的大西洋飓风的罪魁祸首就是全球变暖。美国国家大气科学研究中心的学者认为，20世纪40～50年代热带飓风的不规则性可以解释为自然波动；而20世纪70～90年代初，二氧化碳排放量的积累改变了自然轨迹，对大气的影响表现为飓风在数量和强度上的变化。

但也有一部分科学家认为，全球变暖对热带气旋的影响没有前者所

说的那么明显，至少到目前为止尚无充分的证据表明全球变暖已经造成了更多的强热带气旋。他们的主要依据是：30年的资料太短，无法说明长期的热带气旋变化趋势；过去30年强热带气旋增加的趋势可能是观测手段改变和对气旋强度确定过程中所造成的误差的产物；由于全球变暖同时使对流层上部增暖等因素，将完全或部分抵消海温增暖对热带气旋的强度变化的影响；当前气候系统的内在周期变化可以解释过去30年的热带气旋频率及强度变化。

有专家认为全球变暖对台风活动影响的主要问题是：台风历史资料的记载时间和可靠性还不能满足现在的研究需要，由于可靠的历史资料并没有记述详细，使得这些资料对研究全球变暖这样的长过程对台风的影响自然显得十分牵强。另外，科学界对台风活动强弱的定量计算没有一个公认标准。而对于西太平洋的台风来说，全球变暖所引起的哪些气候变化和台风活动有关系还不明确，因此说全球变暖对台风有影响这个结论还为时过早。

台风是全世界影响力以及破坏力较大的自然灾害，全世界每年因为台风所造成的经济损失难以估计。

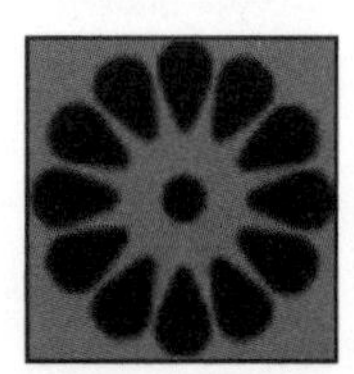

残暴古怪的龙卷风——大自然的吸尘器

概　述

龙卷风一来，其势汹汹，锐不可挡，在所到之处肆虐横行。它像一个巨大的吸尘器，经过地面，一切都被它卷走，吸个精光。是什么铸成其“古怪行为”的呢？它又为什么如此残暴呢？

1933年俄罗斯远东地区离卡瓦列洛沃镇不远的地方，暴雨带来了大量的海蛰。1940年的一个炎热的夏天，在俄罗斯巴甫洛夫区麦歇尔村的上空雷雨大作，一些银币随着雨滴洒落在地上！村民发现这竟是几千枚伊凡五世时代铸造的模压花纹硬币。1954年，美国小城达尔港下了一场蔚蓝色的夜雨。在许多国家还经常发生这样的事：晴朗的日子里，天上突然洒下许多麦粒，掉下橙子和蜘蛛；有时又会降落下青蛙和鱼。这些看来不可思议的现象，其实都是龙卷风的恶作剧！

龙卷风如发生在水面上，则称为“水龙卷”；如发生在陆地上，则称为“陆龙卷”。龙卷风外貌奇特，它上部是一块乌黑或浓灰的积雨云，下部是下垂着的形如大象鼻子的漏斗状云柱，其过程具有“小、快、猛、短”的特点。

龙卷风速度快得惊人，每秒钟100米的风速不足为奇，有的甚至达到175米每秒钟，其速度比12级台风还要大五六倍。这体现了它的“快而猛”。

龙卷风的直径并不太大，一般只有25～100米，只有在极少数情况下才达到1000米以上；持续时间从形成到消失只有几分钟，最多几个小时。这体现了它的“小而短”。

龙卷风非常“残暴”，所到一处便肆虐横行。它像巨大的吸尘器，经过地面，地面的一切都要被它卷走；它经过水库、河流常常是卷起冲天水柱，把水库、河流吸个精光。

全球每年平均发生龙卷风上千次，来去匆匆的龙卷风平均每年使数万人丧生。其中在美国出现的次数占一半以上。1974年4月3日，在美国南部发生了一场龙卷风，卷走了239人，使4千多人受伤，24000多家庭遭到不同程度的损失，损失价值约7亿美元。亚欧与大洋洲也是龙卷风多发地区。龙卷风是如此的残忍，人类对其恨之入骨，除了躲避外，对其束手无策。

龙卷风除了“残暴”之外还有一些“古怪行为”使人难以捉摸：它会把碗橱从一个地方刮到另一个地方，却没有打碎碗橱里面的碗；被它吓呆的人们常常被它吸向高空，然后，又被它平平安安地送回地面；大气旋风在它经过的路线上，会把房屋的房顶刮到300米以外，然后抛到地上，然而房内的一切却在原地保存得完整无损；有时它只拔去一只鸡一侧的毛，而另一侧却完好无损；它将百年古松吹倒并拧成纽带状，而近旁的小杨树也许连一根枝条都未受到折损。

龙卷风的形成一般都与局部地区受热引起上下强对流有关，但强对流未必产生“真空抽水泵”效应似的龙卷风。苏联学者维克托·库申提出了龙卷风的内引力——热过程的成因新理论：当大气变成像“有层的烤饼”时，里面很快形成暴雨云——大量的已变暖的湿润空气朝上急速移动，与此同时，附近区域的气流迅速下降，形成了巨大的旋涡。在旋涡里，湿润的气流沿着螺旋线向上飞速移动，内部形成一个稀薄的空间，空气在里面迅速变冷，水蒸气冷凝，这就是为什么人们观察到龙卷风有雾气沉沉的云柱的原因。但问题是在某些地区的冬季或夜间，没有强对流或暴雨云时，龙卷风却也是每每发生，这就不能不使人深感事情的复杂了。

龙卷风像是大自然中一个巨大的吸尘器，它是如此残暴又是如此古怪，这使各国的科研人员更加重视并努力研究它，但龙卷风之谜一直没有彻底解开，还有待人们去不懈探索。

闪电能摄像——上帝的摄影术

概　述

闪电过后，有些人的一些身体部位会被印上某种图像，有的人因此被雷劈死，有的却仍活着。这种现象被称做闪电摄像。

1823年9月，有个水手被闪电劈死，在他大腿上清晰地“刻出”马蹄铁的图形，而马蹄铁是钉在桅杆上的，恰好在水手的头顶上方。

1892年7月19日，两个黑人在宾夕法尼亚州被闪电击毙，当时他们在公园的一棵树下躲雨。

当人们从死者身上脱下衣服时，发现他的前胸留下了闪电发生地点的照片，上边还有一片略带棕色的橡树叶以及藏在青草中的羊齿草。树叶和羊齿草的图像如此清晰，连肉眼也能看见最细小的筋络。

1976年夏季的一天中午，乌云压境。美国密歇根州农民阿莫斯·皮克斯见到院子里有成群的黑猫在狂叫，他拾起棒子来轰散它们，就在皮克斯高举着棒子朝猫群劈下来的一刹那间，电闪雷鸣，黑猫全都惨死在地。与此同时，皮克斯也感到周身剧痛，手脚痉挛。他踉跄地奔回屋中，妻子

见他左腿的裤筒连同长统鞋已被雷电自上而下撕裂。再一望丈夫的秃头，妻子不禁惊叫一声，吓得晕厥过去。原来，秃头上赫然印出一只清晰的黑猫的影像，活灵活现，令人心惊。

皮克斯的妻子清醒过来，立即用肥皂、洗涤剂、刷子擦丈夫的头，虽然一些影像被洗掉了，可是黑猫影像怎么也去不掉，牢固地印在丈夫的秃头上。第二天，皮克斯头上那奇怪的“黑猫像片”却自行褪色变淡，至中午全部消失了。

在奥地利，一位医生回家时发现钱包被人偷走了。他的钱包是用玳瑁制成的，上面有用不锈钢镶着的两个互相交叉着的“D”字，这是他名字的缩写。当晚，医生被人请去抢救一个被雷击的外国人，那人躺在树下，已经快死了。医生在检查时突然发现那人大腿皮肤上清晰地印有同他钱包一样的两个“D”字，结果，他就在这个外国人的口袋里找到了自己的钱包。

1853年8月26日，美国的一个女孩站在一扇窗前，窗外有一棵小枫树，一道闪电过后，人们发现这个小女孩的身上印上了这棵小枫树的图像。

很明显，这些图像是由闪电造成的，而不是人体生理变化形成的。但是为什么会形成这些活灵活现的图像呢？有人说地球是一个大磁场，在这种环境里，在适宜的温度、湿度条件下，大自然能够以某种未知的机理，储存人、动物、植物、周围环境的形象，在同样的条件下，这些形象会被像录像机一样重新放出来。虽然，闪电摄像的成因与雷电时的高压放电、大气等离子的形成及温湿度等因素有关，但是否还有磁场参与，尚不能确定，还需进一步研究。

滔天巨浪是如何形成的？——海洋上的恶魔

概　述

平静的海洋突然出现滔天巨浪，吞没航行的船只，这是海洋上时常上演的一幕。数百年，许多船只神秘失踪，数以万计的人葬身大海。很多人都将责任归咎于巨浪。那么滔天巨浪是如何形成的？

1980年，一艘长达295米的英国“德比郡号”巨轮在日本海岸失踪，船上44人无一生还。最后调查结论认为可能是巨浪掀开了主舱口，淹没了船舱。

几百年来，水手们总是说见过突如其来的海墙或海洞，却一直没人相信，直到近代，人们才开始相信他们的描述了。巨浪确实能够把一切都化为乌有。

传统理论认为除了海啸之外，所有的海浪形成初期都是海洋上随风而起的涟漪。在风平浪静的日子，涟漪

不会变成巨浪，因为洋面张力把它们拉回海面。但是，当风力超过2级时，大风向涟漪注入较大能量，足以形成为海浪。如果海风继续吹，海浪就越变越大。浪高取决于三个因素：风速、海风持续时间及洋面面积。

但是，海浪的高度差距很大，有些会非常高。1933年2月，美国海军“拉马波”汽轮在从圣地亚哥驶往马尼拉的途中遇到了太平洋上的风暴。大风连续刮了7天，洋面巨浪滔天。到了2月7日上午，汽轮遇到了巨浪。巨浪从后面袭击过来，把汽轮摔进深深的浪谷，然后又掀到满是泡沫的海浪浪峰上。根据当时记录的数字，海浪高达34米，大约有11层楼那么高。这是迄今有可靠记录的最大的海浪。

那么，这些巨浪是从哪里来的呢？海洋学家一直认为巨浪是由小波浪汇合起来形成的。

在某些地方，的确如此。非洲最南端的厄加勒斯角水域就是这样一个例子。那里是大西洋和印度洋的汇合处，途经这里的船只经常遇到巨浪袭击。迅速流动的厄加勒斯洋流在此与南半球海洋吹来的西风相遇，水流速度放慢，小波浪开始堆积，结果形成巨浪。其他一些巨浪多发水域也是因为快速流动的洋流与反方向的风相遇，结果形成巨浪。

但是，这种理论不能解释所有巨浪形成的原因。一是因为它无法解释在某些没有迅速流动的洋流的水域，为什么也能形成巨浪。二是即使有迅速流动的洋流和反方向的风相遇，也不能解释为什么巨浪出现得这么频繁。

面对传统理论无法解释实际现象这一事实，海洋学家和数学家努力寻找其他答案。但至今没有哪种理论能够最合理地解释海浪的现象。

天上掉冰块——天上掉下个冰“疙瘩”

概　述

天上下雨、下雪是很正常的事情，不足为奇，但若是天上突然“乒乒乓乓”地下起了大冰块，那可真是奇闻。那么，这种令人备感蹊跷的天上掉冰现象又是怎么产生的呢？幕后真相又是如何呢？

“天上不会掉馅饼”，然而近来世界各地时有这样神奇的消息：在万里无云的碧空中，突然会掉下一些大冰块。人们对此感到非常的好奇。就在新千年开始，西班牙竟然连续发生了7次“空中降冰”现象，而且前后时间间隔只有短短七八天！

其中，最吓人的是在南部塞维利亚省的托西那市，一块重达4千克左右的大冰块轰然落在两辆轿车上，顷刻间车顶被砸得稀烂，要不是一个朋友恰巧把车主叫出来，与他交谈，他难免会成为世界上第一位被记载的坠冰的“牺牲品”。

两天后又有一块长30多厘米、重约2千克的大冰块击穿了穆尔西亚省一家酒吧的屋顶，所幸也无人员伤亡；

最后一块在4天后的一个下午落在历史名城加西斯的市中心广场，警察在接到报警后很快就把它“带走”了；最有趣的是，几乎同时有3块大冰光临巴伦西亚地区的三个小村庄，其中最大的一块也有4千克重。

西班牙国家气象局的专家已经否定了“冰雹”的可能性，尽管说它来自太空还有待于进一步证实，但从很多迹象看，“陨冰”的可能性相当大。

经过多年的研究探索，现在人们已经肯定，在众多的晴空掉冰中，至少有一部分是真正的“天外来客”——“陨冰”。陨冰与陨石一样，陨石原先都是游荡在太空、绕太阳转动的“精灵”，只是有时它们一不留神，闯进了地球引力的“陷阱”，才被迫改变轨道落向地面。由于地球周围有稠密的大气层，所以绝大多数的陨落物都在大气中“毁尸灭迹”，在几千度的高温焚烧下，只有少数原先非常巨大的母体，才会有残骸降临人间。即使是那些铁块、石头也只能剩下极少部分，成为陨星（包括陨石、陨铁）。由此可以推知，陨冰原先的母体一定是太空中硕大无比的冰山。

陨冰比陨石更罕见，因为不光是夜间降落的陨冰绝大多数会被“埋没终身”，就是白天“下凡”，如不及时发现，妥善保存，也难免会很快化做一滩冰水而无从辨别。不像那些陨石（铁），即使是原始时代来的“客人”，科学家还是可以认证出它不凡的“门第”。因而现已正式确凿证明的陨冰，到20世纪止，也不到两位数。最早确认的陨冰是1955年掉落在美国的“卡什顿陨冰”；第二块陨冰于1963年降于莫斯科地区某集体农庄，重达5千克。

同样，我国无锡地区也曾受到这种空中坠冰的“青睐”，在1982～1993年的短短11年间，连续发生了5次坠冰事件。1995年，在浙江余杭有一块较大的冰碎成三块并落在东塘镇的水田中，估计原重900克。陨冰和普通冰的外表比较相似，也极容易融化掉。幸好由于它当时得到了妥善的保护，又及时送到紫金山天文台，所以对于揭开天空坠冰之谜起到了很大的作用。

由于陨冰是彗星的彗核中的冰物质，是由太阳系中的彗星与流星撞击从彗核中溅出的冰块，它对于研究彗星和太阳系有很大的帮助。随着对天上掉冰现象的深入了解与研究，我们必将可以解开更多天文谜团。

酸雨从何而来——天堂的眼泪

概　述

酸雨是指PH值小于5.65的酸性降水。酸雨可导致土壤酸化，影响植物病虫害，使作物减产；它还能使非金属建筑物材料（混凝土、砂浆和灰砂砖）表面的硬化水泥溶解，出现空洞和裂缝，从而损坏建筑物。

在正常条件下，大气和海水中的盐粒浓度相同，但当海水发生上翻时，大气中的硫酸盐粒和硝酸盐粒的浓度分别比海水中的大一百倍和一千倍。酸雨一般是指含有大量二氧化硫的烟气在大气中逐渐氧化成酸性氧化物后，再与大气中的水汽结合成雾状的硫酸，并随雨水一起降落下来。它是大气受到严重污染的一种表现。酸雨被称为“天堂的眼泪”或“空中的死神”，它具有很强的破坏力，会使土壤的酸性增强，导致大量农作物与牧草枯死，腐蚀建筑物，影响动植物生长和人体健康。多年以来世界各国都致力于减少酸性物体的排放量，以期控制酸雨的形成。

一般认为，酸雨的形成与人类活动及火山爆发排放出的硫、氮等元素的化合物有很大关系。因此，各国政府都对酸雨形成的源头进行了限制或禁止，但收效并不十分理想。究其原因，可能就在于对酸雨的化学源尚缺乏全面的了解。

美国科学家巴润高女士，在太平洋进行科学考察中发现了酸雨的一种新的化学源——海洋中的海水上翻区。她认为，无论是美国沿海，还是赤道海域，或是南极沿海，凡是海水上翻区的上空，都存在大量易导致酸雨形成的化学元素或化合物。

海水上翻是洋流循环的一个组成部分。海水在上翻过程中将深水层的矿物质带到海面，然后通过浪花和气泡输入大气中。因此，在海水上翻区上空悬浮着大量的诸如硫酸盐、硝酸盐之类的微粒子。据巴润高介绍，在太平洋上空，上述微粒子的浓度比未上翻的海洋区域上空要高得多。

巴润高解释说，出现上述异常现象的原因，是因为在有丰富营养物质的海洋里，浪花中的微粒子和由于生物活动而形成的含有硫和氮等元素的气体相互混合。而这种气体进入大气后，在光的作用下转化成硫酸盐和硝酸盐等微粒子。这些微粒子在大气中的大量出现，对云的形成无疑是有利的，因而加速了酸雨的产生。在整个考察中，巴润高搜集到的所有雨水标本都非常突出地反映出雨水的酸度远比海水的大。

但是巴润高的发现还是初步的。还有大量的问题有待研究。例如，人们对全球范围内的海洋中的海水上翻的地区、范围，形成酸雨的程度及其危害等等，都还是不太了解的。是不是所有的酸雨都与海水上翻现象有关，人们也还很不清楚。而要解开这些谜团，还需要在全球范围内进行长期的考察和研究。

恐怖的泥石流——无法预测的灾难

概　述

泥石流是山区沟谷中，由暴雨、冰雪融水等水源激发的，含有大量的泥沙、石块的特殊洪流。其特征是往往突然爆发，浑浊的流体沿着陡峻的山沟前推后拥，奔腾咆哮而下，地面为之震动，山谷犹如雷鸣。它能在很短时间内将大量泥沙、石块冲出沟外，在宽阔的堆积区横冲直撞、漫流堆积，常常给人类生命财产造成重大危害。

菲律宾是泥石流频繁发生的地区，常使得当地大批的人员死亡或失踪。2006年在菲律宾中部发生的泥石流灾害中，仅菲律宾吕宋岛东海岸的雷亚尔镇就有306人丧生，152人失踪，许多建筑被毁。其附近的纳卡尔城也有130多人死亡，100人失踪。在金萨胡冈村，被泥石流毁灭的房屋约有500间，还有一所小学校，当时全校还在上课。据一位名叫达里奥·利巴坦的幸存者回忆说："当时就好像火山爆发一样，所有的一切都被泥石流碾碎了，我看到没有一座房子能继续竖立在原地。"

当时菲律宾总统阿罗约在得到台风预报后曾经下令各方都做好台风袭击的防护工作，但是谁也没有想到这

次台风会来得如此猛烈。当台风袭来时，再加上前一场台风过后留下的泥浆、房屋和桥梁残骸，给菲律宾军方的救灾行动带来了很大困难，在一些地区，船只和车辆几乎寸步难行，大型的救灾设备无法运进灾区……

而造成这次泥石流的原因，据菲律宾科学家调查后认为可能是由于连降暴雨所致。还有人说是过度砍伐森林所致。据说当年莱特岛连日暴雨使得山体出现了大面积的滑坡，许多大树甚至被连根拔起。菲环保组织曾指责说，非法砍伐森林的活动进一步加剧当地的水土流失，很可能会酿成新的灾难。

近年来，由于生态环境日益遭到破坏，全球泥石流爆发次数急剧增加。如1970年5月，秘鲁发生7.8级大地震，引发瓦斯卡兰山特大泥石流灾难，使秘鲁容加依城全部被毁，近7万人丧生。1998年5月，意大利那不勒斯等地突遭罕见的泥石流灾难，造成100多人死亡，2000多人无家可归。如果说以上两次的泥石流是难以预料的，则1985年11月哥伦比亚鲁伊斯火山泥石流的爆发则是早有预兆，但是人类还是难逃厄运。据说在鲁伊斯火山喷发的一年前，当地就已经出现了异常现象，一些专家指出，火山喷发很可能造成大面积的泥石流。但当地政府却没有重视，以至于当鲁伊斯火山喷发时，泥石流瞬间将距离50千米外的阿美罗镇吞没，造成2.3万人死亡，13万人无家可归。不过也有人说虽然这些专家的预言在后来被证明是正确的，但在当时没有人相信也是情有可原的，因为预报泥石流的机制和方法至今仍不完善。

由于泥石流属于较大型的自然灾害之一，故人们还无法控制泥石流的发生，而目前应对泥石流的最主要办法仍是防御。而在预知泥石流发生的时间方面，人类的研究也依然有限。我们相信未来人们一定会找出可以准确预报泥石流的方法。

威德尔海为何屡次出现将人引入死地的海市蜃楼？海底为何也有如同陆地面貌的千沟万壑？红海缘何仍在扩张？百慕大三角到底有何魔力成为生命禁区？在最冷的南极地区不冻湖是如何产生的……地球啊地球，总是留给我们太多的谜题！

第三章

难以破译的地球密码

神奇的威德尔海——南极"魔海"

概　述

威德尔海是南极洲最大的边缘海，也是世界上最大的边缘海。这里有可以随时将人引入死地或撞上冰川的海市蜃楼，有着凶猛异常的鲸鱼和可怕的流冰群，一不小心，船只就可能遭遇不测，发生沉船事故，因此人们称它为"魔海"。

威德尔海是南极洲最大的边缘海，也是世界上最大的边缘海。威德尔海位于科茨地与南极半岛之间，宽度在550千米以上，总面积约280万平方千米。该海以英国航海家詹姆斯·威德尔命名，他曾经在1823年在威德尔海探险，并到达了南纬74°。但这片海域同时又被称为"魔海"，因为这里有可以随时将人引入死地或撞上冰川的海市蜃楼，有着凶猛异常的鲸鱼和可怕的流冰群，一不小心，船只就可能遭遇不测，发生沉船事故。

威德尔海的海市蜃楼

在威德尔海中航行的船只一旦进入变化莫测的海市蜃楼中，就会感觉像在梦幻的世界里飘游，海市蜃楼中瞬息万变的自然奇观，既使人感到神秘莫测，又令人魂惊胆丧。这些景象常常造成人的幻觉，有时船只正在流冰缝隙中航行，突然流冰群周围会出现陡峭的冰壁，似乎稍微往前行驶一点儿就可能撞上冰壁，造成沉船的危险。但不多一会儿，这冰壁又会消失得无影无踪，使船只转危为安。更古怪的是，有时船只明明在水中航行，突然间好像开到冰山顶上，顿时能把船员们吓得魂飞魄散。而这些都是海

市蜃楼造成的假象。也正是由于这么逼真的景观和感觉，把很多的船只引入了危险地带。有的船只为避开虚幻的冰山而与真正的冰山相撞，有的受虚景迷惑而陷入流冰包围的绝境之中。

威德尔海的流冰群

在南极的夏天，威德尔海北部经常有大面积的流冰群，这些流冰群像一座白色的城墙，首尾相接，连成一片，有的还连接着冰山。这些冰山最高可达100~200米，方圆200平方千米，远远看去，就像一块广阔的陆地。当这些流冰和冰山相互撞击、挤压时，会发出惊天动地的响声，听上去十分可怕。而船只如果此时在流冰群的缝隙中航行会异常危险，一不小心就会被流冰挤撞损坏或者驶入“死胡同”，无法前行，最终沉没。1914年英国的探险船“英迪兰斯”号就被威德尔海的流冰所毁灭。

威德尔海的风

在威德尔海，风向对船只的安全至关重要，有时甚至决定船只的航向。刮南风时，风会将流冰群吹向北边散开，这时在流冰群中会出现大的缝隙，船只就可以在缝隙中航行。但如果刮北风，流冰就会挤到一起，把船只包围，这时船只即使不会被流冰撞沉，也无法离开茫茫的冰海，至少要在威德尔海的大冰原中呆上一年，直至第二年夏季到来时，才有可能冲出威德尔海而脱险。但是这种可能性是极小的，由于一年中食物和燃料有限，特别是威德尔海冬季暴风雪的肆虐，使绝大部分陷入困境的船只难以离开威德尔海这个魔海，它们会被威德尔海逐渐吞没。所以来威德尔海探险的人们格外注意风向的变化，一见风向转变，就要立刻离开威德尔海，以防被困在流冰群中。

威德尔海的鲸鱼

这些鲸鱼时常成群结队地在流冰群的缝隙中喷水嬉戏，不要觉得它们自在悠闲，其实凶猛异常，尤其是逆戟鲸，它是一种能吞食冰面任何动物的可怕鲸鱼，是有名的海上“屠夫”。当它发现冰面上有人或海豹等动物时，会突然从海中冲破冰面，伸出头来一口将目标吞食掉。南极的企鹅和海豹不知道被逆戟鲸吞噬了多少，其凶猛程度，令人毛骨悚然。正是由于逆戟鲸的存在，使得被困于威德尔海的人难以生还。

威德尔海就如同南极的许多地方一样神秘莫测，也许在未来我们揭开南极大陆所有谜团的时候，威德尔海就不会这么可怕了，那时人们可以自由自在地在威德尔海畅行，感受海市蜃楼的变化莫测。

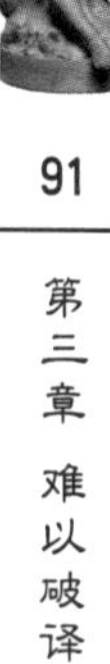

“大西洲”失落何方？——寻找第八大洲

概 述

有许多证据证明，地球上曾经存在过一个拥有高度文明的大洲——大西洲，但是人们却从来没有找到有关这块大陆的任何痕迹。

古希腊大哲学家柏拉图，曾在他的著作中活灵活现地描述了一个世代相传的古代岛国——亚（阿）特兰蒂斯。这个岛国存在于1.2万年前，人口众多，文明强盛。它的军队曾征服过埃及和北非，后来却在雅典城下惨败于古希腊人。接着空前的灾难发生了，在一次强烈的地震中，它沉没于大海的深渊……由于柏拉图把这个岛国定位在大西洋里，所以后人又称阿（亚）特兰蒂斯为“大西洲”。柏拉图死后，人们就对大西洲的真实性争论不休。大西洲的故事是否纯属捏造？如果不是捏造，它又失落何方？

关于大西洲沉没的位置，有几种不同的意见。

沉没在大西洋中：柏拉图在记载中说它沉没在海克力斯之柱外沿的西海中。他说的西海，就是今地中海通向大西洋的出海口直布罗陀海峡，可能指的就是大西洋。另外，古代欧洲、非洲和美洲民间，都有关于大西洲沉没的神话传说。古巴比伦人和埃及人以及非洲的一些部落，传说大西洲是他们西边的大陆，而北美的印第安人则认为大西洲在他们的东方。这些间接材料都似乎证明了大西洲沉没于大西洋。

沉没在巴哈马近海：美国学者曾经在巴哈马附近海域发现有许多各种形状的几何图形结构，还有长达数里的令人费解的线条。另外，比米尼岛附近的海域有一条海底石头路，还有长达数千米的城墙，几个码头与一座

栈桥。很多人以为，这一沉陆之谜似乎马上就要解开了，然而海洋学者却认为这只是一片高地，是由于海洋水位上涨而形成的。

沉没在黑海海底：有人将流传于古希腊和黑海边沿的有关神话和传说中提到的地名与人名，同这一地区的地名与人名加以对照和比较，发现有一些惊人的相似之处。1956年专家们又在黑海发现了海底城市。据此推断：大西洲可能就是在高加索地区沉入黑海海底的。

沉入神秘的百慕大三角海底：1979年，美国、法国的一些科学家经过先进仪器探测，发现了百慕大三角海底存在金字塔，而且比埃及的金字塔还大得多。塔下分布着两个巨大的洞穴，海水以惊人的速度从洞中穿过，从而卷起狂澜，形成巨大的漩流，造成这一带海域浪潮汹涌，海面雾气腾腾。1958年，两位挪威水手曾在这一海域发现了一座古城。就他们拍摄的照片看，有平原、大道、街巷、圆顶建筑物、角斗场、寺院。他俩宣称：“我们发现的是大西洲，和柏拉图的描绘一模一样。”然而，他们没有获得可作论据的任何历史文物。

而美国考古学家罗伯特·萨尔马斯宣称，在现塞浦路斯和叙利亚附近海域发现了亚特兰蒂斯的踪迹。萨尔马斯和他的科考小组经过坚持不懈的寻找，发现了亚特兰蒂斯存在的有力证据。他们在塞浦路斯和叙利亚附近海域发现了水下人工建筑。这是一座位于塞浦路斯海岸东南80千米处、水下约1500米的人工建筑。水下声波

定位仪探测结果显示，在水下的一座丘陵上，有一段约3000米长的城墙，以及一个砌有围墙的山顶和深深的战壕。这一惊人发现极大鼓舞了萨尔马斯，虽然仅仅通过这些砖块还不能充分证明它的下面埋藏着一座城市，但萨尔马斯坚信，塞浦路斯就是亚特兰蒂斯城的顶端，在海水沉积物下面一定埋藏着更多的人工建筑。

关于这一历史疑案，千百年来，探索者尽管众说纷纭，莫衷一是，然而持“大西洲沉没于地中海东部的克里特岛及其海域”的科学家居多。这里曾是欧洲古代文明的摇篮，但经历了长期的繁荣后，遭到了像传说中的“大西洲”式的厄运，毁灭于一场不可抗拒的突如其来的火山、地震的爆发。不过，这些观点和论据也不是无懈可击的。

与大西洲位置之争相联系的另一问题是，什么原因导致大西洲突然从海面上消失了呢？ 一种观点认为，是剧烈的海底火山喷发及其诱发的地震、海啸联合袭击，在一昼夜之间让大西洲被海水吞没了。另一种观点则认为，在距今1.4万到1.2万年前，正值地球变暖，冰川融化，2000多年里海平面不断上升，最终把大西洲淹没了。上述观点究竟谁是谁非，还有待科学的论证。

当然，还有一些人对大西洲的存在持怀疑甚至否定态度。他们认为所谓“亚特兰蒂斯王国”，只不过是古人根据古老的某种传说加工或编造出来的一个动人的神话，纯属子虚乌有，不可置信。如果真是这样，那从古至今，学者们的精心探究就没有任何意义了。

海洋之谜
——揭开海洋的神秘面纱

概　述

蓝色的地球，有2/3是被海水覆盖的。海洋也是一切生命的起源地，当我们航行在大海上，捧着海水，观赏着海鸥从天空直冲海中，敏捷地抓起鱼儿又飞回空中时，不得不惊叹海洋的博大和神奇。海洋中又隐藏着多少我们不解的谜团，也许将永远没有人知道。

根据板块构造学说，现在的大陆和大洋格局是大陆板块运动的结果。而且，大陆板块、大洋板块还在继续运动。许多人开始预测几亿年以后的大陆格局，有人说世界第二大洋——大西洋最终会变成地球上最大的海洋，而与它临近的太平洋将会消失，这有可能吗？太平洋是世界上最大的海洋，占全球总面积的32%，占海洋总面积的46%，它比世界陆地的总面积还要大。太平洋的面积约有1.8亿平方千米，容积为7.237亿立方千米。如果说太平洋最后将会消失，也许有不少人不相信。

科学家们已经测出，太平洋是世界大洋中最古老的海洋。5亿年前，地球就是由以太平洋为中心的一片古海洋和以非洲、南美、澳大利亚、印度洋和南大西洋合成的一块古大陆组成的，今天欧亚大陆的大部分在当时全部被海洋所覆盖。此后，太平洋逐渐收缩，伴随的是大西洋的不断扩张。大西洋是距今2.25亿年前才开始形成的，同时，太平洋面积不断缩小，形成了今天的局面。专家测出北美大陆和欧亚大陆正在缓慢地移动着，而目前这些大陆板块正以每年1.9厘米左右的速度相背漂移，而南大西洋洋底自6500万年以来，一直以平均每年4

厘米的速度向两侧分离开来，也就是说，大西洋仍在逐年变宽。而大西洋的另一边是太平洋，自然，太平洋开始变窄了。

除了大西洋以外，澳大利亚大陆在向北移动，印度洋海盆也在扩大，可以说，正是由于这些大陆板块的扩张，太平洋海盆正在以每年9厘米的速度消失。也因此太平洋海盆的边缘地带成为著名的“太平洋火环”，这里有比世界其他地区更多的火山和地震。这也不难理解为什么许多早期学者都说：月球是从太平洋海盆中分裂出去的，因此给地球表面留下了一个巨大的凹地——太平洋。

地质学家们认为，既然大西洋的面积不断增大，太平洋将来很有可能会从地球上消失。不过，这将发生在1亿至2亿年以后了。那时，美洲西岸会与亚洲东岸相对接，然后两个板块发生碰撞，在新板块的结合处将抬升起一条也许比喜马拉雅更加雄伟的山脉。

其实这并不是无稽之谈，曾经作为地球上最大的海洋古地中海（特提斯海），就是由于印度、阿拉伯、非洲与欧亚大陆的汇合才消失的，这些大陆板块汇合碰撞之后，在它们之间升起了阿尔卑斯-喜马拉雅诸山脉。因此，我们不能否定，如果大西洋不停止扩张的话，大约1亿至2亿年后，太平洋就要从地球上消失的推测是正确的。

可是，大西洋真能把太平洋挤掉吗？也有一些科学家表示异议。美国芝加哥大学的一位地质学家利用电脑，对地球上各片大陆将来的漂移情况进行了模拟推算，得出的结论是：太平洋目前的收缩只是暂时的，随着地质历史的演进、各大陆板块的漂移方向和互相作用的结果，将来太平洋有可能还会扩张。电脑显示，在1.5亿年之后，大西洋不仅不能长成更大的海洋，反而会被太平洋挤成一个“小西洋”，甚至有可能从地球上消失。

这样的可能性很大。因为地质学家们还发现，在今天的大西洋诞生之前，地球上曾有过一个古大西洋，它大约存在于距今5亿年前的早古生代。当时这个古大西洋的宽度达数千千米，可能比今天的大西洋还要宽。可是，到了距今2.7亿年前的二叠纪时，这个古大西洋就消失了。

当然，在探索和研究地球上陆地海洋的变迁过程中，科学家们对大陆板块的漂移方式，造成板块漂移的动力、方向及速度等，都存在不同的甚至相反的看法，这就不可避免地使太平洋和大西洋的未来变迁变得更加神秘莫测了。

复杂的海底世界——隐藏在海底的千沟万壑

概　述

广阔的海洋，从蔚蓝到碧绿，美丽而又壮观。然而海底世界又是极其复杂的。在深不可测的海洋里蕴藏着许多鲜为人知的秘密，包含了许多未解的神秘谜团：太平洋洋脊偏侧之谜；西太平洋洋底地貌复杂之谜；北冰洋的海底扩张之谜都亟待解决。

地球表面有71%是海洋，蔚蓝而辽阔的海洋与人类活动息息相关。海洋是水循环的起点，又是终点，它对于调节气候有巨大的作用；海洋为人类提供了丰富的生物、矿产资源和经济的运输通道，是人类的一个巨大的能源宝库。随着科技的进步，人类对海洋的了解正日益深入，而神秘的海洋也总以其博大幽深，吸引着人们对它的探索。

太平洋洋脊偏侧之谜

从全球海底地貌图中我们可以看到，海底地貌最显著的特点是连绵不断的洋脊纵横贯穿四大洋。海底扩张假说中提到，洋脊两侧的扩张应是平衡的，大洋洋脊应位于大洋中央，但太平洋洋脊却不在太平洋中央，而偏侧于太平洋的东南部，并在加利福尼亚半岛伸入了北美大陆西侧。显然，从加利福尼亚半岛至阿拉斯加这一段的火山、地震带的形成和山系、地貌的成因，是难以用海底扩张假说来解释的。那么，太平洋洋脊为什么偏侧一边呢？北美西部沿岸的山系、火山、地震带等又是怎样形成的？目前地质学家以及科学家们还没有找到科学合理的答案，这是有待进一步探索的问题。

西太平洋洋底地貌复杂之谜

由于太平洋洋脊偏侧于东南方，所以在太平洋东部形成了扩张性的海底地壳，即东太平洋海隆。但太平洋中西部广阔的洋底，地貌复杂，存在着一系列的岛弧、海沟、洋底火山山脉和被洋底山脉、岛弧分隔成的较小的洋盆等，看来并不完全像是由海底扩张所产生的洋底地貌，反而更像是古大洋洋底的一部分。因为海底扩张所形成的地貌，除了海沟、岛弧、沿岸山脉外，大部分应该是较为平坦的、从洋脊到海沟有一定倾斜度的海隆地貌。虽然有人试图对此作出解释，但最终没有获得一致的看法。

北冰洋的海底扩张之谜

北冰洋是四大洋中最小的，又存在广阔的大陆架，有人把它看成是大西洋的一部分，即大西洋北部的一个巨大的“地中海”。虽然北冰洋也存在大洋中脊，即北冰洋中脊（南森海岭），但在整个北冰洋地区，火山、地震活动是很微弱的。洋底的扩张过程，起自于古生代晚期，而主要是在新生代实现的。它是以地球北极为中心，通过亚欧板块和北美板块的洋底扩张运动，而产生了北冰洋海盆。现在北冰洋底所发现的“北冰洋中脊”，即为产生北冰洋底地壳的中心线。

在北冰洋底还同时发现了与北冰洋中脊相平行的两条海峡——罗蒙诺索夫海峡和门捷列夫海峡（即老大洋中脊），说明北冰洋的海底扩张运动，曾进行过不止一次。经有关人员研究，北冰洋的海底扩张可能是由于北极厚厚的冰盖下面的地震或者是地球自转产生的偏向赤道的离心力，是地球内部的能量向中低纬度转移导致的，但是具体原因还没有得到进一步解释。

虽然现代科技的发展能帮助我们更好地、更便捷地了解海洋，但是在浩瀚无垠的海洋中，其幽深的海底蕴藏的许多谜团，我们还没有解开，或许还有很多没有被我们发现。要想解开这些谜团，还有待于科学家们对海洋做出更深层次的研究。

北冰洋形成之谜——追寻北冰洋成长的脚步

概　述

北冰洋是世界四大洋中最小的海洋，面积仅1310平方千米，约为太平洋面积的1/14，约占世界海洋总面积4.1%。但北冰洋是如何起源的？至今依旧无人知晓。

北冰洋是地球上最小的海洋，面积仅1310平方千米，约为太平洋面积的1/14，约占世界海洋总面积4.1%。北冰洋被陆地包围，近于半封闭。通过挪威海、格陵兰海和巴芬湾同大西洋连接，以白令海峡与太平洋沟通。北冰洋大致以北极为中心，其洋面常年被冰冻。

北冰洋是如何起源的？有地质学家认为是海洋扩张运动的结果，还有人说北冰洋是地球吞并小行星留下的撞击坑。北冰洋是世界四大洋中最小的海洋，但至今人们都不知道它是怎么形成的。

最近有科学家说2000多万年前，北冰洋只是一个淡水湖，湖水通过一条

比较狭窄的通道流入大西洋。但是到了1820万年前，由于地球板块的运动，狭窄的通道渐渐变成较宽的海峡，大西洋的海水开始流进北极圈，慢慢形成了今天的北冰洋。

他们是根据从北冰洋的罗蒙诺索夫海岭采集的一段沉淀物判断出来的。一位叫杰克逊的科学家说，这段沉淀物形成于1820万～1750万年前，分成颜色不同的三段，其最下层是黑色沉淀物，其中含有很多没有分解的有机物，这说明当时北冰洋底无法获得足够的氧来进行降解。他们猜想从1820万年前开始，连接北冰洋和大西洋的费尔姆海峡开始变宽。北冰洋的淡水从北极水面流出，而大西洋海水则从下面流入，这些缺氧的海水导致了黑色沉淀物的形成。

另外一种说法是北冰洋是地球吞并小行星（地球同轨姊妹星）留下的撞击坑。有专家通过模拟实验认为北冰洋的罗蒙诺索夫海岭的S形弯曲和弯曲外弧喇叭口开裂是被两头大陆架顶压的结果，罗蒙诺索夫海岭还向下延伸了较长的距离，即说明罗蒙诺索夫海岭是固体地表断片的直体截面露出海底。也只有地球吞并的小行星才有如此大的力量。

关于北冰洋的形成，哪一种说法更准确，还有待于进一步研究。

红海扩张之谜——逐渐长大的海

概　述

红海是连接地中海与阿拉伯的重要通道。近年来这条运输通道却一直在不断扩张，这引起了许多科学家极大的研究兴趣。红海扩张之谜的考察给我们带来了更多的关于海洋新的研究课题，使我们进一步发现、了解了海洋不为人知的秘密。

红海清澈碧蓝的海水下面，生长着五颜六色的珊瑚和稀有的海洋生物。远处层林叠染，连绵的山峦与海岸遥相呼应，它们之间是适宜露营的宽阔平原，这些鬼斧神工的自然景观和冬夏宜人的气候让人陶醉。但是，红海近些年来一直在不断扩张。

1978年11月14日，北美的阿尔杜卡巴火山突然喷发，浓烟滚滚，溢出了大量熔岩。一个星期以后，人们经过测量发现，遥遥相对的阿拉伯半岛与非洲大陆之间的距离增加了1米，也就是说，红海在7天中又扩大了1米。

红海是个奇特的海。它不仅在缓慢地扩张着，而且有几处水温特别高，已达50℃以上；红海海底又蕴藏着特别丰富的高品位金属矿床。

那么红海为何会扩张？有的地方温度为什么会这么高？这些问题构成了红海之谜。

海洋地质学家研究后认为红海海底有着一系列“热洞”。在对全世界海洋洋底经过详细测量之后，科学家发现大洋洋底像陆上一样有高山深谷，起伏不平。从大洋洋底地形图上，我们可以看到有一条长75000多千米、宽960多千米的巨大山系纵贯全球大洋，科学家把这条海底山系称作“大洋中脊”。狭长的红海正被大洋中脊穿过。沿着大洋中脊的顶部，还分布着一条纵向的断裂带，裂谷宽约13~48千米，窄的也有900~1200米。科学家通过水文测量还发现，在裂谷中部附近的海水温度特别高，好像底下有座锅炉在不断地燃烧，人们形象地称它为“热洞”。科学家认为，正是热洞中不断涌出的地幔物质加热了海水，生成了矿藏，推挤着洋底不断向两边扩张。

还有的科学家们研究认为，在距今约4000万年前，地球上根本没有红海，后来在今天非洲和阿拉伯两个大陆隆起部分轴部的岩石基底发生了地壳张裂。当时有一部分海水乘机进入，使裂缝处成为一个封闭的浅海。在大陆裂谷形成的同时，海底发生扩张，熔岩上涌到地表，不断产生新的海洋地壳，古老的大陆岩石基底则被逐渐推向两侧。后来，由于强烈的蒸发作用，使得这里的海水又慢慢干涸了，蒸发岩被沉积下来，形成了现在红海的主海槽。到了距今约300万年时，红海的沉积环境突然发生改变，

海水再次进入红海。红海海底沿主海槽轴部裂开，形成轴海槽，并沿着轴海槽进行缓慢地海底扩张。

1974年，法美开始联合执行大洋中部水下研究计划。考察计划的第一个目标就是到类似红海海底的亚速尔群岛西南的124千米的大西洋中的脊裂谷带去考察。

经过考察，科学家把海底扩张形象地比作两端拉长的一块软糖，那个被越拉越薄的地方，成了中间低洼区，最后破裂，而岩浆就从这里喷出，并把海底向两边推开。海底就这样慢慢地扩张着。根据美国“双子星”号宇宙飞船测量，我们已经知道了红海的扩张速度是每年2厘米。

今天的红海可能是一个正处于萌芽时期的海洋，一个正在积极扩张的海洋。如果按目前平均每年两厘米的速度扩张的话，再过几亿年，红海就可能发展成为像今天大西洋一样浩瀚的大洋。

百慕大三角——魔鬼家园

概　述

提起百慕大三角，可谓无人不知、无人不晓，那里已经成了神秘地带的代表。沉船、失踪的飞机数量大得惊人。人们很困惑，为什么救援者从未发现过遇难船只、飞机的残骸呢？随着科学的发展，当今的人们已经解决许多过去被视作谜的现象，然而百慕大三角仍是一个困扰着科学家的谜团。

百慕大三角位于北大西洋西部海中，是一个面积约10万平方千米的三角形海域，连接着大西洋与南北美洲的水上要道。百慕大有将近400个岛屿，它们组成了一个圆形的环，人称百慕大群岛。

据说先后有许多飞机、船舰和驾驶员、乘客，都在百慕大三角神秘失踪。救援者从未发现过遇难船舰、飞机的残骸碎片，至于遇难者的尸体，更是无处可寻。因此，百慕大三角又被称为“魔鬼三角”。

百慕大三角为何如此神秘？难道真有魔鬼不成？对此，人们众说纷纭。

有人提出了海底水文地壳运动说。据调查，百慕大海底地貌十分复杂。它夹在大陆和群岛之间，宽阔的大陆架又延伸至海底，周围是深将近万米的波多黎各海沟及深度超过万米的北阿美利加海盆，而且在北部深海盆里又突起有百慕大群岛。百慕大中洋流纵横交错，变幻不定，又形成了一个又一个巨大的涡流。这些巨大的旋涡长达几百千米，深度超过1000米，仿佛是大气的旋风。此外，在百慕大海域还生长着大量的马尾藻，热能大量集聚，温度奇高，飞机和船只遇上了这些巨大的旋涡和超常的高

温，必定凶多吉少。

关于残骸问题，海底水文地壳运动学家认为，在远古时代的大陆漂移过程中，百慕大地区的海底地壳上形成了一个个的陷坑或空穴。到了近代，频繁的地壳运动使百慕大附近的陆地地震不断，造成空穴顶部坍塌。这时海底会出现巨大裂口，海水急剧涌入，船只、飞机一旦被卷入，绝不会留下踪迹。

还有一种观点是次声波地磁引力说。海浪能产生次声波。当海面发生海啸时，次声波在空中以低于声音的速度传播。人耳听不到次声波，但次声波足可以置人于死地。次声波频率在6赫左右的时候，能使人产生疲劳感，出现焦躁不安和本能的恐惧。当频率为7赫时，人的心脏和神经系统将陷入瘫痪。而百慕大三角海域正是次声波最活跃的地区。此外，这种观点还认为在百慕大海面与东太平洋之间有一条天然海下水桥，水桥能产生强大的磁场力。地磁异常与太阳、月亮的运行有关，每年6月、12月为最大值，3月～11月下降到最小值。而在百慕大各种空难、海难事故的发生时间也恰好集中在6月、12月里。

有人提出了天外来客说。1965年6月，一架大型双引擎军用飞机在飞越百慕大时，突然失踪。机组人员全部遇难。而恰巧有一艘美国宇宙飞船在此地上方的太空中航行，飞船的摄像机摄下了一个类似“飞碟”的不明飞行物，且飞碟四周还有“触物”。因此有科学家认为，百慕大地区飞机和船舰失事与天外来客有关。

也有人认为是百慕大地区一种神秘的自然激光造成的。在万里无云的晴空中，太阳是强大的辐射源，海面和大气就像是两面巨大的反光镜。只要百慕大的神秘激光发生作用，太阳的辐射就会引起一场暂时的大雾。如果激光功率特别大，则会在瞬间将飞机和船只烧成灰烬。

一些美国科学家、飞行员在广泛深入地研究了百慕大失事资料后发现，百慕大之谜纯属子虚乌有。他们说早在哥伦布探险时就有记载，这些空难、海难均是遇上了飓风、狂浪和海啸，和一般的海难并没有什么不同。

关于百慕大三角的谜团至今没有定论，还有待于科学家的深入研究。

烟雾谜云——太平洋上空的烟云

概 述

太平洋上空突然出现的烟云，上升的高度足有18千米，扩散以后的直径达320千米。对这一团巨大的烟云，众说纷纭，至今也没有明确的答案。

1984年4月9日，一架日本航空飞机从东京飞往美国阿拉斯加州。但在离日本海岸270千米处的洋面上空，飞机突然遇到了一团像原子弹爆炸般的蘑菇状烟云。飞机上的人从没有看到过这种奇怪的现象，幸好飞机迅速避开它才没有发生事故。同时也有两架客机上的乘务人员目睹了这一团奇怪的烟云。

对这一团巨大的烟云，有人说是由于海中的核潜艇发生核爆炸所致，但是从现场收集到的尘埃来看，没有发现任何放射性物质。

有三名研究人员提出另一种看法。他们认为，形成烟云的唯一可能的自然原因是海底火山的爆发。从中太平洋威克岛的水下地震检波器的检测记录来看，在威克岛西部确实发

生过海底地震，地震始发时间为1984年3月，到4月8日和9日两天达到高峰期。这个时间与烟云发生的日期是吻合的。确切的震中位置在哪里呢？根据分析，最有可能的是开托古海底火山，它位于北纬26°、东经140.8°。如果震中确实是在这里，并发生海底火山爆发和喷出烟雾，那为什么那团巨大烟云竟会出现在北纬38.5°、东经146°处呢？这两地相距大约有1500千米!

他们解释说，火山烟雾在成为蘑菇状烟云前，首先形成球形烟团。人们开始看到烟团是在4千米的高空，从该海域当天的风向来看，球形烟团有可能被盛行的南风往北吹送，速度约为每小时147千米。这样，10小时后，就可到达将近1500千米以外的远处了。烟团不会扩散，一直朝着正北的方向急速移动，然后突然炸开，向高空升腾弥漫，并在2分钟内达到18千米的高度。

但对此解释人们大多是否定的。因为就目前所知，如此迅速猛烈的升腾运动，其动力不是靠人为的某种烈性爆炸，就是靠火山喷发，而且只能是在爆炸或喷发地点出现。说是开托古海底火山爆发，能够在远离它1500千米的地方出现爆炸和蘑菇云，这显然是不可能的。海底火山地震的强度一般来说是比较小的，波及面也不大。那么，在雾团爆炸的地方，到底有没有海底火山喷发呢？据水下地震仪检测那里没有火山运动发生。

一些地球物理学家认为，太平洋上空这股烟云的产生，可能是人工大气层爆炸的结果。还有人说是一种未知的自然现象所致。然而它究竟从何而来，目前谁也没有给出令人信服的答案。

南极冰雪之谜
——藏匿在冰雪之下的大陆板块

概 述

南极洲是地球上最后一块净土，它终年为冰雪覆盖。但据科学考察分析：5000万年前的南极洲地貌可不像现在这样。它曾是一片生机盎然的绿洲。那么从什么时候起又到什么时候止，它变成了现在这样一个冰雪世界了呢？

南极洲是一块被大雪覆盖的大陆，大陆的98%隐藏在冰雪之下。南极大陆面积为1400万平方千米，其冰雪的总贮量为2800多万立方千米，占全球冰雪总量的90%以上。无论以什么标准来计算，南极都是地球上最大的淡水库，占地球淡水总量的70%。有人曾计算过，如果南极的冰雪全部融化，世界海平面将平均升高60米，那时世界上大多数的沿海城市将被海水淹没。

南极为什么会有这么多的冰雪呢？的确，从目前的降水量来看，这简直是不可想象的事。那么从地质学来说，南极冰盖的历史可以追溯到第四纪冰期开始前的几百万年前。根据在南极发现的乔木化石可以证明，在5000万年以前，南极大陆大部分地区

并没有冰雪，到处都是一派树木生长繁茂、生机盎然的景象。然而在3500万年前左右，靠近南极大陆的南大洋水体开始变冷，陆生植物越来越少。大约在2000万年前，南极冰盖开始形成，并延伸到大陆边缘。到了500万年前，南极冰盖的面积与现代冰盖的面积相差无几。有证据表明，南极冰盖最厚的时期是在1.8万年前的第四纪末期，那时候南极洲的冰缘向北扩大到了南纬50°，冬季甚至达到南纬45°。那么，对于今天的南极冰雪来说，是在逐年增加还是逐年减少了呢？这是一个令人感兴趣的问题。有人计算表明，南极大陆的冰雪既有每年平均增加9.7厘米的情况，但也有每年平均减少3.1厘米的情况，这样的计算是否合理尚存在争议，然而就人类目前所掌握的资料和观测手段来看，对南极冰雪的增减下一个确切的结论，可能还为时尚早。

那么，最基本的问题，南极冰雪从何而来？有人说几百万年前地球南北极发生了移动，原本适宜人类居住的南极变成了寒冷至极之地，雨雪次数也突然降多，逐年累月便形成了今天的南极。但真的是这样吗？

南极不冻湖——不怕冷的湖

概 述

南极大陆，千里冰封，万里雪覆。其冰层的平均厚度为1880米，许多地方冰层厚度达4000米以上，被称为“冰雪大陆”。南极大陆气候酷寒，平均温度仅为-25℃，最低处达到-90℃，所以又被称为“世界寒极”，然而在这片冰冷刺骨的土地上，却存在着不冻湖，实在令人费解。

南极，一直是童话中的白雪世界。那里常年都覆盖着皑皑白雪，放眼望去，一片银光素裹。在南极这片广袤的陆地上，几乎都是被几百至几千米厚的坚冰所覆盖，使这里的一切都失去了活力，只有一片渲染的白色。

然而，神奇的大自然却给人们展示了它高超的魔术：在酷寒的南极存在着一个不冻湖。一些日本科学家在1960年实地考察了不冻湖，奇异的水温现象使他们感到惊讶，水温在三四米厚的冰层下是0℃左右，水温在15～16米深的地方升到了7.7℃，到了66米以下，水温竟然跟温带地区海水的温度相当，达到了25℃。

科学家根据人造卫星拍摄的照片推测出这个湖的面积达到48.36万平方

千米，但是令人不解的是，这样超大面积的湖竟然有时会消失不见。1981年苏联和美国派出由26人组成的南极考察队，他们按照人造卫星照片上显示不冻湖所处的位置寻找，可是并没有找到不冻湖。队员们只是在不冻湖水域附近发现无数气温较高的气泡。

南极年平均温度仅-25℃，最低温度达到-90℃，所以又被称为“世界寒极”。在如此寒冷的冰天雪地中，为什么会有不冻湖呢？不冻湖为什么又会时隐时现呢？

有科学家认为距不冻湖50千米处有两座活火山。一座是正处于休眠期的活火山，另一座活火山至今仍在喷发。这就表明这一带的岩浆活动剧烈，因此会产生很高的地热。在地热的作用下，不冻湖就会产生水温上冷下热的现象。但是有很多资料表明，在这一地区并没有任何的地热活动。所以，这一观点并不足以解释上述现象。

另一部分科学家认为不冻湖含有很高密度的盐，当夏日的阳光照射到不冻湖时，这些盐溶液可以蓄积大量太阳能。而不冻湖的湖面冰层则是天然的隔离屏障，可以阻止湖内热量的丧失，从而产生了温室效应，使不冻湖的温度上冷下热。但也有许多人反对这种看法，他们认为南极的夏季很少有晴天，虽然夏季日照时间较长，但是能够被地面吸收的辐射能很少，同时冰层反射的能力很强，几乎不会有多少热量可以被冰层下的水吸收。另外暖水下沉会使整个水层的温度升高，而不仅仅是使某一部分的水温升高。

还有的科学家提出这是气压和温度在特殊条件下交织在一起的结果。他们认为，在南极地区，由于500米深处的海水不直接与寒冷的空气接触，因此水温高于地面上的温度。这种温差作用使得海水产生垂直方向的运动，这样就形成一股旋涡。靠这股旋涡的力量，500米深处的海水就被卷到海面上，形成了不冻湖。

另一种观点认为，在南极濒海地区，存在着一些奇特的咸水孔。这些咸水孔会散发热量，由此而凝结成巨大冰块。冰块的重量太大时，便会整块下沉至海底。在巨大冰块的挤压下，深层温度较高的海水上升到表面，于是形成不冻湖。湖水与寒冷空气接触一段时间后，湖水又结成大冰块，于是不冻湖就消失了。

甚至很多人推测不冻湖是外星人在南极制造的秘密基地。

对于不冻湖为什么不冻以及为什么会有时消失，在科学界还没有一个很有说服力的答案。

杀人湖之谜——湖水中的魔爪

概　述

地球上有一些神秘可怕的地方，一旦踏入则必死无疑，就连在它周围的一切生命都不能逃脱魔掌。喀麦隆的尼奥斯湖和莫努恩湖就是如此的可怕。

地球上有一些神秘可怕的地方，一旦踏入则必死无疑，就连在它周围的一切生命都不能逃脱魔掌。喀麦隆的杀人湖就是如此可怕，据统计，已有1800多人命丧“杀人湖”的“魔掌”中了。人往往落入湖水中才有可能被水淹死，然而在非洲的喀麦隆，竟有两个能把人杀死的湖泊，而人既没有靠近这两个湖，也没有在上面划船，便招致了死亡。这两个杀人湖就是尼奥斯湖和莫努恩湖。

1984年8月15日，位于喀麦隆西部省的莫努恩湖突然喷发毒气，附近的37名居民因此丧生。两年后的1986年8月21日夜晚，位于该国西北省的尼奥斯湖发生类似的奇怪现象：伴随着闷雷般的响声，湖底沉积的超量二氧化碳突然冲出湖面，掀起近百米的巨大水浪，强烈的毒气迅速向四周扩散，吞噬了周围的一切。

第二天，来此调查的警察惊愕地发现死去的人们表情痛苦，眼神惊愕，手向胸部抓挠，像是努力挣扎过，口鼻中有大量已经凝结的血块。这场灾难夺取了湖周围1800名村民的生命。而平日澄碧如镜的尼奥斯湖则一片红褐色，像被鲜血染过一样，湖面上飘浮着一缕缕的雾气，随风向岸边飘送，气味令人作呕。湖边的青草、树叶都发黄、枯萎。是什么使二氧化碳爆发出这么强大的力量，激起百米高的水浪？又是什么造成了毒气涌出呢？

灾难发生后，科学家们经过几次深入的调查后认为：这两个湖为火山湖，地层深处的二氧化碳缓慢向湖底渗进，并逐渐溶解于湖水中，密度不断增大；湖表层的冷水就像一个大盖子一样平静地盖在上面，使二氧化碳及其他有害气体难以散发。但如果在足够强烈的外力搅动下如地震、火山爆发等，就会破坏这种“平衡”，使二氧化碳冲出水面，和其他毒气一起，形成大量雾气涌向岸边，也就变成了让人畜瞬间窒息的隐形杀手。

但是，尼奥斯湖为什么变成了红褐色，科学界一直没有给出合理的答案，“杀人湖”以后还会不会“杀人”也没有人知道。

贝加尔湖的海洋生物——海洋生物淡水生长之谜

概　述

海洋生物一般都生活在海洋中，人们还没见过生活在淡水湖里的海洋生物，但这现象却在贝加尔湖里出现了。人们很奇怪，贝加尔湖的水一点也不咸，却生活着海豹、海螺、海鱼等海洋生物，贝加尔湖还生长着热带生物。为什么一个淡水湖会生存着这么多本不该出现在湖中的生物呢？

贝加尔湖是亚欧大陆上最大的淡水湖，也是世界上最深和最古老的湖。贝加尔湖的湖底为沉积岩，第四纪初的造山运动形成了该湖周围的山脉，湖区地貌基本形成的时间迄今约2500万年。贝加尔湖下面存在着巨大的地热异常带，火山与地震频频发生。据统计湖区每年约发生大小地震2000次。

贝加尔湖有许多未解之谜。它的湖水一点也不咸，也就是说它与海洋不相通，却生活着许多的海洋生物，如海豹、海螺、海鱼等。

在贝加尔湖里还生长着热带生物，而贝加尔湖藓虫类动物的近亲就生活在印度的湖泊里，贝加尔湖水蛭在我国南方淡水湖里才能见到，贝加尔湖蛤子只生存在巴尔干半岛的奥克里德湖。

世界上的淡水湖中，只有贝加尔湖湖底长着浓密的“丛林”——海绵，海绵中还生长着奇特的龙虾。可是，人们始终不明白，贝加尔湖中为什么会生活着如此众多的“海洋生物”呢？对此，科学家们作了种种推测。最初的时候，一些科学家认为，地质史上贝加尔湖是和大海相连的，海洋生物是从古代的海洋进入贝加尔湖的。前苏联科学家维列夏金认为，这是地壳变动的结果。他根据古生物和地质方面的材料推测，中生代侏罗纪时的贝加尔湖以东地区，曾有过一个浩瀚的外贝加尔海。后来由于地壳变动，留下了内陆湖泊——贝加尔湖。随着雨水、河水的不断加入，咸水变淡，而现在的“海洋生物”就是当时海退时遗留下来的。

20世纪50年代初期，人们在贝加尔湖附近打了几口很深的钻井。但从取上来的岩芯样品中，人们没有发现任何关于中生代的东西。也有一些材料证明，贝加尔湖附近的地层中没有中生代的沉积层，只有新生代的沉积岩层，贝加尔湖地区长时间以来一直是陆地。贝加尔湖是在地壳断裂活动中形成的断层湖，从而否定了湖中海洋生物是海退遗留的说法。那么，湖中的“海洋生物”到底从何而来呢？它们又是怎样进入湖中的呢？有学者认为，贝加尔湖中的淡水类海洋动物，原先生活在海洋中，以后不安于海洋生活，进入叶尼塞河，并不断地向河流上游运动，最终到达贝加尔湖，逐渐习惯了在淡水中生活，繁衍后代，便形成了在淡水湖中的“海洋动物”。

有人认为古书中记载贝加尔湖原来为“北海”，那么，贝加尔湖在以前可能是一片海洋，并且存在一个从海变迁为湖的过程。这可以归结为是地壳运动使贝加尔湖周围的高山隆起，将“贝加尔海”圈了起来，渐渐就形成了湖泊。后来，随着河流的注入，冲淡了湖水，最终变成了没有咸味的水。而原来生活在“贝加尔海”的海洋生物一部分因为无法适应湖水的变迁都死了。一部分通过上千代的基因变异，慢慢适应了淡水环境，成为贝加尔湖特有的海洋生物。

你认为哪种看法更合理呢？无论哪种原因造就了今天的贝加尔湖，都是值得探究的。随着人们解开自然的一个又一个谜题，贝加尔湖谜团的真相也许离我们并不遥远了。

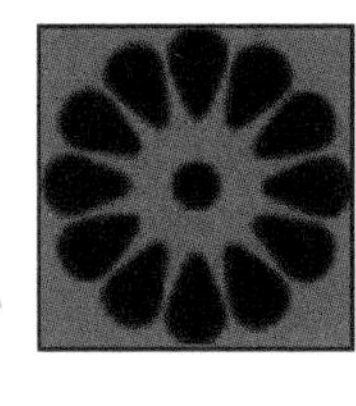

神奇的五色湖——有五层湖水的麦里其湖

概 述

你见过有五层湖水，每层生长着不同生物，并且每层都不能互侵的湖吗？这个湖就是麦里其湖，它分为五层，每一层的水质、颜色和水中的生物都不相同，如果一层生物跑到别的水层中去就会无法生存。谁也不清楚为什么麦里其湖会形成如此怪异的五层湖水。

俄罗斯北部巴伦支海有一个基列茨岛，麦里其湖就在这个岛上。它的面积还不到1平方千米，但平均水深却将近70米。

麦里其湖的神秘之处是，它的湖水竟然分为五层，而且每一层的水质、颜色和水中的生物都不相同。从水面向下11米是淡水层，水中生活着普通的淡水生物；接着是10米的微咸水层，这层水里的生物最多；再向下是17米的咸水层，这里的咸水鱼类生活得也很好；咸水层往下的24米水层，颜色像樱桃汁似的，里面有专门吞噬硫化氢的细菌，是它们给这层水染上了颜色；最下面的湖水中，只生活着一些厌氧细菌。湖底淤泥中的生物残骸腐烂分解，产生出大量的硫化氢气体。五层湖水里的生物也不会跑到别的水层里去，因为各层的水质不同，它们到别的水层里无法生存。

麦里其湖为什么会形成这么奇怪的五层湖水呢？有人说是这些生物之间相互牵制，各自的作用维持着这个湖的系统平衡。也有人问湖水都是运动的，为什么这些生物可以不受影响呢？但是没有人知道，也没有人能够解释这一切。

起死回生的湖泊——湖泊的生死轮回

概　述

湖泊也有生死轮回吗？且每三十年做为一个轮回，即每三十年就失踪一次。这种现象让人百思不得其解，但是这种会死而复生的湖泊的确是存在的。对湖泊生死轮回的研究将成为我们在研究湖泊工作方面的新课题。

俗话说：“桂林山水甲天下，阳朔山水甲桂林。”在我国广西阳朔县的美女峰下，有一个占地面积为19.98公顷的犀牛湖，湖面澄碧，鱼蟹游弋。然而，1987年9月30日，湛蓝的湖水却突然全部消失，只留下了湖底的淤泥。人们大惊失色！据当地人回忆，此前一个月，犀牛湖附近地下曾发出“隆隆”之声，湖水水位同时也略有降低，但湖水仍保持2米左右的深度。在1987年9月29日一夜之间湖水突然变得荡然无存。犀牛湖约30年失踪一次在阳朔县志中早已有过记载。

阳朔山水一些地质学家通过研究分析后作出解释，他们认为犀牛湖靠雨水、地表水和地下水补充水位，而湖水渗入桂林地区特有的以石灰岩架构的地下暗河时，它们夹带的泥沙就会堵塞石灰岩的溶孔，导致地下暗河断流，湖水上涨。由于水压不断加大，溶孔又会被水流疏通，如果进水量与渗水量相当，就维持了湖水的动态平衡。如果溶孔突然扩大为大的溶洞，就会听到地下“隆隆”作响，湖水转瞬流光，于是就会发生犀牛湖“失踪”这样的奇事。但是，30年一轮的生灭周期又怎么解释呢？

无独有偶，在大洋洲和美洲也有像犀牛湖这样的会“生”会“灭”的周期湖。澳大利亚的悉尼附近有一个乔治湖，湖水碧波荡漾，湖面鸟类成群，然而，1982年夏季的一天，湖水却神秘地消失了，湖底长生青草代替了碧波荡漾的湖水。据史料记载，自1820年乔治湖首次失踪算起，至今已消失过5次，也是大约30年轮回的周期。

在中美洲的哥斯达黎加，有座世界著名火山——波阿斯火山，自1955年最后一次喷发后，火山口因积水而成为湖泊，由于含有大量的火山熔岩气体，湖水温度远远高于气温。自1987年起，热水湖不知什么原因就开始逐渐缩小，到1989年2月，湖水彻底干涸了，湖底出现了黄色“石笋”。让人更觉得奇怪的是，半年以后，“石笋”陆续倒塌，热水湖原址上又出现了直径分别为24.11米、28.15米的两个新湖。构成石笋的硫磺溶解在水中，人称“硫磺湖”，其湖水温度比原来的热水湖高出几倍，达到116℃。这些湖泊为什么会突然“死”去，又为什么有30年的“生命周期”？热水湖为什么会变为两个硫磺湖？湖水的温度为什么会升得比沸水温度还要高呢？种种问题非常令人迷惑。

湖泊起死回生、周而复始的现象非常耐人寻味，到目前，科学家们还没有找到其大约30年一轮回的原因。因此，湖泊生死成为了一个未解之谜，还有待于人们去探讨。

罗布泊——幽灵般的游移湖

概　述

湖泊游移？难道湖泊也有了生命，也会自己随意游走？科考队对罗布泊经过细致地考察后，对其确切位置也争论不休，并提出了罗布泊会游移的说法。

罗布泊在我国新疆若羌县境内东北部，位于塔里木盆地东部的死亡地带——罗布荒漠腹地。那里曾是一个湖泊，海拔780米，面积约2400~3000平方千米，因地处塔里木盆地东部的古“丝绸之路”要塞而著称于世。

最早到新疆考察的中外科学家们曾对罗布泊的确切位置争论不休，最终不但问题没有解决，还引出了争论更加激烈的“罗布泊游移说”。此说是由瑞典探险家斯文·赫定提出的。由于罗布泊来去不定，所以斯文·赫定给它起了个名字叫“游移湖”。斯文·赫定认为罗布泊存在南北湖区，由于入湖河水带有大量泥沙，沉积后抬高了湖底，原来的湖水就自然向另一处更低的地方流去，又过许多年，抬高的湖底由于风蚀会再次降低，湖水再度回流，这个周期为1500年。

虽然有一部分人对斯文·赫定的这一观点表示认可，但对此提出质疑的反对者也不在少数。近年来，我国科学家根据对罗布泊的科考结果，也对罗布泊游移说提出了质疑和否定。然而对这一问题的争论，使人们对罗布泊这个幽灵般的湖泊，更加感到扑朔迷离。因此罗布泊是否游移的问题

在世界学术界引起广泛争论。现在又有人提出罗布泊并不是游移湖。他们认为：历史上罗布泊一直是一个经常有水停积的湖泊，只有形状大小的变化，并无游移和交替的可能。

经一些考察队员考察后得出：从高度上看，罗布泊和它南面的喀拉库顺湖都是平原中局部陷落的小洼地，罗布泊要更低一些。罗布泊最低处为778米，与其相邻的喀拉库顺湖最低处为788米，两者相差10米，水往低处流，不大可能发生罗布泊倒流喀拉库顺湖的现象。

罗布泊科考队在考察中还看到，干涸的湖底都是坚硬的盐壳，用铁锤都很难敲碎，风的吹蚀作用并不容易让湖底重新降低。因此罗布泊是一个

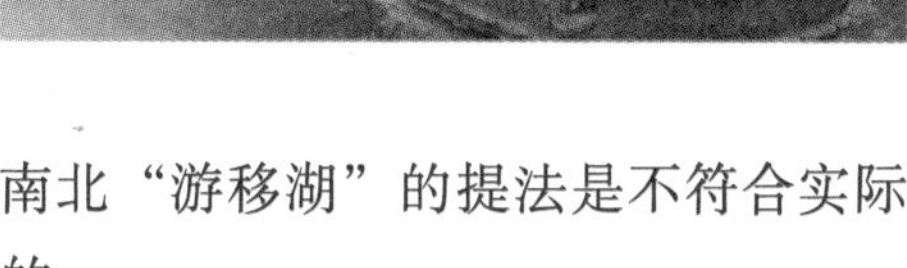

南北“游移湖”的提法是不符合实际的。

有人又提出了“盈亏湖”说。1905年～1906年，美国学者亨延顿到罗布泊地区调查。他从气候变化对环境的影响出发，提出了罗布泊是“盈亏湖”的说法。即罗布泊是随着气候湿润和干燥而扩大或缩小，认为现在的罗布泊是经过干湿变化保留下来的。

罗布泊地区从北向南依次有三个相对独立的洼地，北为罗布泊，中间是喀拉库顺湖，最南面是台特玛湖，罗布泊最低。自东而来的塔里木河和孔雀河是这片洼地最主要的水源，两河下游地势平坦，历史上曾多次分别改道与河道合并，有时从北、有时从南注入罗布泊。由于泥沙沉积和洪水经常性地泛滥，以及不断形成新的支流和湖沼等原因，最终影响了罗布泊作为终端湖的位置和水量的变化。

1972年后，罗布泊的最后一滴水也消失了。塔里木河和孔雀河下游分别断流320千米和400千米。曾经水波荡漾的罗布泊已经成为历史。这个荒漠中的湖泊在百年来引起了国际上学者如此多的关注，并对其是否“游移”提出了很多观点，但长期以来一直没有一个统一的结论，这也成为了一个未解的谜团。

死海会死吗？——正在消失的“地球肚脐”

概 述

死海是地球上最低的水域，水面平均低于海平面约400米，位于以色列和约旦之间，是一个内陆盐湖。约旦河从其北部注入。那么，死海的发展前景到底如何呢？死海会死吗？

死海是世界上最咸的湖，人能够漂浮在死海上读报纸，它的水质大约比一般海水咸十倍，且越到湖底咸度越高，在深水中达到饱和的氯化钠沉淀为化石。一般海水含盐量为35‰，死海的含盐量达230‰~250‰左右。在表层水中，每千克的盐分就达227~275克，所以说，死海是一个大盐库。据估计，死海的总含盐量约有130亿吨。在这样的水中没有动植物，鱼儿难以生存，岸边也没有花草，所以人们称之为死海。但近年来科学家们发现，死海湖底的沉积物中有绿藻和细菌存在。

被称为“世界之洼”的死海，是世界陆地的最低点，因此有“地球肚脐”的别称。这样低洼的地形形成内流区，而且这个地区常年干旱少雨，流入的河水蒸发，浓缩了流入的盐分，形成了高浓度的盐湖。死海水面的高度虽然在许多地图上标明是海平面以下392米，但那是20世纪60年代的数据，现在死海水面的实际高度是海平面以下412米。死海曾长达75.6千米，现在只有54.7千米。这个数字说明，死海的水面从过去到现在一直都在以一定的速度下降。

死海的水大部分来自约旦河，可现在约旦河的水只有10%流到死海。70%的约旦河水因为地区性缺水改道而流向以色列和约旦，以满足工业、农业和家庭用水。到目前为止，死海的水大约有1/3已经损失，它正在变得越来越小，有朝一日可能会消失。环境保护者把原因归咎于人们过分地抽水、采掘和开发。环境保护者认为，死海富藏着可供制造肥料、肥皂和各种化学品的钾碱及其他矿物，对死海中这些物质的不断开采导致湖水损失，也加速着死海面积的缩小。如果不采取措施，任凭死海水面不断下降的话，死海最终将会“死亡”，并从地球上永远消失。

也有人提出死海不会干涸，他们认为死海位于著名的叙利亚和非洲大断裂带的最低处，从外部涌入的海水会将死海变成一个新的海洋。

死海的生存前景到底如何呢？死海到底会不会死呢？也许这个问题只有在过了若干年以后才会得到答案。

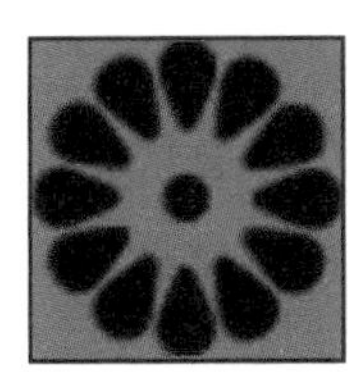

尼罗河与亚马逊河——河流的伯仲之争

概 述

我们已经知道世界第一高峰是珠穆朗玛峰，世界第一大裂谷是东非大裂谷，然而世界第一长河却至今备受争议，悬而未决。长期以来，争议的焦点是尼罗河和亚马逊河。

通常人们认为尼罗河发源于赤道南部东非高原上的布隆迪高地，全长6695千米，而亚马逊河从秘鲁的乌卡亚利-阿普里马克水系发源地起，全长约6400千米，比尼罗河稍短。

不过关于亚马逊河的长度却存在很大分歧。地理学家认为南美洲的亚马逊河的长度介于7025千米与6275千米之间。如果是7025千米，亚马逊河就是世界第一长河，并且是世界上唯一超过7000千米的河流；如果是6275千米，亚马逊河长度则不仅不及尼罗河，而且不及长江与密西西比河，仅列全球第四。

巴西科学家称，他们经过重新测

算认定世界上最长的河流是亚马逊河而不是尼罗河。曾有报道称探险队在秘鲁的北方找到了亚马逊河的一个新源头，这样亚马逊河的长度就达到了6800千米，比尼罗河还长出100多千米。巴西和秘鲁两国科学家组成的探险队也声称找到了亚马逊河的新源头，并且是在秘鲁的南方而不是北方。巴西科学家认为虽然这两个源头哪个更准确，还没有得到最终的确认，但不管是哪一个源头都可以使亚马逊河成为世界上最长的河流。据称，亚马逊河现在的源头被确定为秘鲁南部冰雪覆盖的米斯米山。

但是2007年，中国科学院遥感应用研究所研究员刘少创博士通过卫星遥感影像的分析称已经确定了世界上十条最长的大河：尼罗河全长7088千米，为世界第一长河；亚马逊全长6575千米，名列第二。

刘少创博士认为尼罗河的源头在卢旺达首都基加利附近的河源杂木林中，而不是发源于布隆迪。而他测量的亚马逊河的长度也是将米斯米山认为是河流的发源地。

但是大部分人都认为尼罗河源头在布隆迪。还有的说在乌干达的维多利亚湖的湖口和埃塞俄比亚的塔那湖的湖口。

有人说这是由于人们对河流发源地的确定方法不同，才造成了这么大的差异。所以至今，仍没有确定哪一条大河是世界第一长河，这不能不说是人类的一大憾事啊！

有洁癖的恒河——能够自动净化的河流

概 述

印度是四大文明古国（中国、古埃及、古巴比伦、古印度）之一，曾经创造了人类历史上著名的“恒河文明”，恒河也被印度人民尊为“圣河”和“印度的母亲”，每年都有许多印度教徒来恒河洗浴或从事其他活动，恒河会因此受到严重的污染。但人们饮用河水，却很少有中毒或得病的，难道它有某种自动净化的能力吗？

恒河是印度古文明发源地之一，也是世界古文明发源地之一。古老的人类曾经在恒河流域创造了辉煌和文明。恒河发源于喜马拉雅山脉，注入孟加拉湾，流域面积占印度领土1/4，养育着高度密集的人口。恒河流经恒河平原，是从公元前3世纪阿育王的王国至16世纪建立的莫卧儿帝国为止一系列文明的摇篮。

恒河是印度的圣河。传说印度历史上某国王为了洗刷自己祖先的罪孽，以修来世，请求天上的女神下凡。但是，女神之水来势汹汹，大地难以承受，湿婆大神就站在喜马拉雅山附近的恒河上游，让水从她的头发上缓缓流下，从而减弱了水势。这样既可以洗刷掉国王祖先的罪孽，又能造福于人类。由此，印度教徒认为恒河是女神恒迦的化身，是“赎罪之源”。而恒河里的水就是地球上最为圣洁的水，只要经过它的洗浴，人的灵魂就能重生，身染重病的人也可以重获健康的生命。因此每年都有众多的朝圣者虔诚而来，在恒河水里举行自己的重大宗教仪式。更有甚者在恒河水里自尽，以期洗去此世的罪孽和冤狱。于是，恒河上有时会漂浮着尸体。人们将尸体打捞起来火化后，会遵死者遗嘱将骨灰撒在恒河里。就这样年复一年，恒河水受到了严重污染，成了

印度污染最严重的河流之一。但印度教徒依然我行我素，他们沐浴在此，饮用在此，却很少中毒或者得病。难道恒河水真的因为其神圣而具有了某种自我净化的能力吗?

恒河科学家为了一探究竟，曾经有意将一些病菌放入恒河的水中，可没过多久，这些病菌都被杀死了。恒河水的这种净化能力从何而来呢?有人推测奥秘在河底中，河床里可能具有某种能杀死病菌的放射性元素，只是这个推测还未被证实。当然，恒河水的污染有目共睹。它的水质在以前要纯净优良得多，装上一壶河水，即使过了几个月，它也依旧澄清、新鲜，像刚打上来时一样，可以放心饮用。只是现在的恒河水已经被污染了，即使它具有自动净化能力，也无法承受人类这样无休止的侵害与折磨。人们相信，只要停止或者减轻对它的危害，恒河水就可以恢复到原来洁净的水平。

东非大裂谷未来的命运——伤疤之痛

概 述

东非大裂谷位于非洲东部，其长度相当于地球周长的1/6，据说是由于地壳板块运动，非洲东部地层断裂而成。有关地理学家预言未来非洲大陆将沿裂谷断裂成两个大陆板块，会出现地球上的第八大洲——东非洲。

东非大裂谷是世界大陆上最大的断裂带，被喻为地球的“伤疤”。它位于非洲东部，南起赞比西河口向北经马拉维湖分为东西两支：东支裂谷带沿维多利亚湖东侧，向北经坦桑尼亚、肯尼亚中部，穿过埃塞俄比亚高原入红海，再由红海向西北方向延伸抵约旦谷地，全长近6000千米。西支裂谷带大致沿维多利亚湖西侧由南向北穿过坦噶尼喀湖、基伍湖等一串湖泊，向北逐渐消失，规模比较小。东非裂谷带两侧的高原上分布着众多的火山，如乞力马扎罗山、肯尼亚山、尼拉贡戈火山等，谷底则有呈串珠状的湖泊30多个。这些湖泊多狭长水深，其中坦噶尼喀湖南北长670千米，东西宽40～80千米，是世界上最狭长的湖泊，平均水深达1130米，仅次于贝加尔湖，为世界第二深湖。

这一巨大的裂谷带是怎么形成的呢？板块构造学说认为，这里是陆块分离的地方，即非洲东部正好处于地幔物质上升流动强烈的地带。一千多万年前在上升流作用下，东非地壳抬升形成高原，上升流向两侧相反方向的分散作用使地壳脆弱部分张裂、断陷而成为裂谷带。张裂的平均速度为每年2～4厘米，这一作用至今一直持续不断地进行着，裂谷带仍在不断地向两侧扩展着。由于这里是地壳运动活跃的地带，因而多火山、多地震。

根据20世纪60年代美国“双子星”号宇宙飞船的测量，裂谷北段的红海扩张速度达每年2厘米；在非洲

大陆上，裂谷每年加宽几毫米至几十毫米。1978年11月6日，地处吉布提的阿法尔三角区地表突然破裂，阿尔杜科巴火山在几分钟内突然喷发，并把非洲大陆同阿拉伯半岛又分隔开1.2米。一些科学家指出，红海和亚丁湾就是这种扩张运动的产物。他们还预言，如果照这种速度继续下去，再过两亿年光景，东非大裂谷就会被彻底撕裂开，并会产生出新的大洋，就像当年的大西洋一样。但是，反对板块理论的人则认为这些都是危言耸听。他们认为大陆和大洋的相对位置无论过去和将来都不会有重大改变，地壳活动主要是做上下的垂直运动，裂谷不过是目前的沉降区而已。在它接受了巨厚的沉积之后，将来也可能转向上升运动，隆起成高山而不是沉降为大洋。

2005年9月，埃塞俄比亚北部某地的地面突然下沉10英尺，迅速向两侧裂开。在接下来三周时间，这个地方发生了160次地震，形成一个宽25英尺、长约0.34英里的大裂缝。

英格兰利兹大学地球物理学家蒂姆·赖特使用卫星雷达数据，将这一裂缝的形成过程准确地拼合起来。当非洲和阿拉伯构造板块向两侧漂移时，两个板块之间的地壳会变弱。据赖特估计，在未来100万年左右，裂缝将继续扩大，届时非洲之角将从非洲大陆完全脱离，形成地球上第八大洲——东非洲。赖特说，这种地质过程始终都在发生，不过，地面裂开通常只发生在海底，那个区域人们很难看到。

但也有许多人反对这一看法，东非大裂谷未来走向究竟如何，也许我们只能拭目以待了。

令人生畏的死谷——死神出没之地

概　述

被冠以“死谷”、“魔鬼谷”的地带，大多是人迹罕至、有着可怕传说的地方。但这些地方都有着有趣的现象。

世界上有很多“死亡之谷”，或是“死谷”、“魔鬼谷”。这些神秘莫测的死谷，让人奇怪，同时也让人生畏。

在美国西部加利福尼亚州和内华达州之间的山地中有一条大峡谷，也是这样的死亡谷。如果不小心进入山谷，则是性命难保，有去无回，即便能从山谷中走出来，过不了多久也会死亡。可是动物在这里却安然无恙，生活得很好,所以被人们称之为“人类的地狱，动物的天堂”。而意大利那不勒斯附近的死亡谷，与此正好相反，山谷里满地都是各种动物的尸体，人在山谷中活动却什么事也没有，是“人类的天堂，动物的地狱”。

在我国也有一个死谷，在新疆和青海的交界地——昆仑山区，它西起库木库里沙漠，东到布仑台，全长100千米，宽30千米，海拔3000～4000米。南有高耸入云的昆仑山主脉，北有可以阻挡夏季干燥而炎热空气进入的祁曼塔格山，两山夹峙，雨量充足，气候湿润，那棱格勒河穿越其中，大小湖泊星罗棋布，牧草繁茂。然而，就是这个景色迷人的峡谷，却被人们视为有魔鬼的禁区，充满着恐怖的气氛。因为这里刹那间可能就会乌云翻滚、电闪雷鸣、飞沙走石、天昏地暗，导致树木折断、草木

烧焦、牲畜毙命……传说这时人们可看到蓝莹莹的鬼火，听到猎人求救的枪声和牧民及挖金者绝望而悲惨的哭嚎。风雨过后，谷中则布满了腐烂的动物骨骸、猎人的枪和淘金者的尸体。更令人毛骨悚然的是死去的人和牲畜有时连尸体也找不到。

但是科学家并不惧怕，他们知道一切都是自然的力量。主要有两个谜团让他们费解：一是山谷的牧草为什么出奇地繁茂？二是这么美丽的牧场为什么成为了牦牛和畜群的坟场？

经考察，科考人员发现魔鬼谷是一个雷击区，这里有大面积强磁性的玄武岩，还有大大小小30多个铁矿脉及石英体。由于湿空气受昆仑山主脉和祁曼塔格山脉的阻挡，汇集谷内，形成雷雨云，加上地下磁场的作用，常产生“雷暴”现象。雷电一遇上地面突出的物体，就产生了放电现象，牧场上的人畜自然就是雷击的目标。据说这里夏季雷暴日多达50多天，是昆仑山中其他地区的6倍。这就揭开了魔鬼谷人畜毙命的真相：是被雷劈死的。

但为什么有时寻找不到死去的人和动物的尸骨，它们在哪里呢？原来魔鬼谷是冻土层的分布区。冻土层的厚度高达数百米，形成了一个巨大的地下固体冰库。夏季的时候，冻土层便形成地下潜水和暗河。而地表面常为嫩绿青草所掩盖，人们不容易发现。当人畜误入，一旦草丛下的地面塌陷，地下暗河就会很快把人畜拉入无底深渊，甚至使其随水漂流远方，以致连尸首都无法找到。

另外，也正是那么多的雷电给这片谷地的土壤带来了丰富的天然化肥二氧化氮。因为空气中的氮是一种惰性气体，在常温下，它不易与氧结合，可是当碰上雷电等高温条件，它就能与氧化合成二氧化氮了。

神奇的大自然，有许多谜。死谷的秘密虽然并没有完全揭示出来，但是，我们相信它将会和其他未解之谜一起，渐渐被人类揭开神秘的面纱。

山脉存在“生长爆发期”——山脉的青春期

概　述

世界上著名的山脉主要有亚洲的喜马拉雅山脉、欧洲的阿尔卑斯山脉、北美洲的科迪勒拉山脉、南美洲的安第斯山脉等。这些山脉是否也存在“生长爆发期”呢？高出陆地海拔的山脉能继续长高吗？

山脉是沿一定方向延伸，包括若干条山岭和山谷组成的山体。世界上著名的山脉主要有亚洲的喜马拉雅山脉、欧洲的阿尔卑斯山脉、北美洲的科迪勒拉山脉、南美洲的安第斯山脉等。喜马拉雅山脉为世界上最高的山脉，它的主峰珠穆朗玛峰海拔8844.43米，为世界上最高的山峰。那么，这些山脉是否也存在“生长爆发期”呢？高出陆地海拔的山脉能继续长高吗？科学家们对这个问题给予了很大的关注。

美国科学家研究发现，山脉可能会经历“生长爆发期”，即在短至200万～400万年的时间里海拔增长一倍，这样的长高速度比当前流行的板块构造理论认为的要快上好几倍。传统理

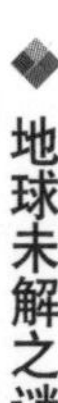

论上，估计山脉生长的方法是通过理解地球上地壳折叠和断层的历史。地质学家曾据此估计安第斯山脉在过去4000万年缓慢升高。因此，研究人员认为，这一发现意味着当前的板块构造理论应当进行充分地修改以包容这一现象。

在最新的研究中，美国罗切斯特大学的一名教授和同事通过利用新近开发的技术，测量了远古降雨和表面温度对山脉土壤化学组成的影响。通过研究安第斯山脉的沉积盆地，研究人员确定了远古沉淀物沉积的时间和海拔。测量得到的记录表明，安第斯山脉在数千万年的时间里一直是在缓慢升高，然而在1000万年前~600百万年前之间突然以比以前快得多的速度抬高。

教授解释说，他们的研究显示了一系列包括折叠与断层的历史、腐蚀、火山爆发以及沉积物聚集等的地质学指示物，这表明广泛争论的构造过程——分层可能起着作用。分层的概念被提出已有几十年，却备受争议，因为造山运动的力学模型很难重现其过程，而且截至目前还缺乏可靠的古海拔测量来证明。

地质学家认为，当海洋板块与陆地板块相遇，陆壳就会发生扭曲。根据分层理论，这会使山脉摆脱“束缚”，快速上升。在安第斯山就表现为在不到400万年的时间里从低于2000米上升到大约4000米。

那么，到底是什么原因促使山脉存在“生长爆发期”呢？这个问题还有很大的争议。要想解开山脉存在“生长爆发期”之谜，还需要地质学家们的进一步研究，从而找到更加充足的证据来说明原因。

庐山佛灯之谜——谁点燃了庐山“佛灯”

概　述

名山之一的庐山是中国从古至今被人称颂的地方，山谷美丽的风光带给我们无尽的心灵享受，庐山佛光更是天下一绝。不仅在庐山，而且在峨眉山、青城都有佛灯或佛光这一奇景，它出现的时间不定，出现的时候犹如传说中的佛光现世，被尊崇佛教之人视为神圣之光。在每月农历十五前后，站在庐山大天池西侧的文殊台上就可以看到“庐山文殊台佛灯”这一奇观。

待明月悬空，星辰映亮天空时，大天池山麓中黑色的山谷间飘浮着的薄雾中有时会突然涌现出数十点忽明忽暗的亮光。这些亮光时大时小，时聚时散，时明时灭，时东时西，宛若放起的无数彩灯在迷雾中闪烁。

清朝蒋超曾记下他亲眼目睹佛灯的景观：“乍见一二荧荧处……未几，如千朵莲花，照耀岩前，有从林出者，有从云出者，有由远渐近、冉冉而至者，殆不可数计。”

而关于庐山佛灯的形成，自古至今说法不一。

南宋诗人范成大在《吴船录》中记述：“夜，有灯出。四山以千百数，谓之圣灯。圣灯所至，多有说者，不能坚决。或云古人所藏丹药之光，或谓草木之灵者有光，或又以谓龙神山鬼所作，其深信者则以为仙圣之所设化也。”也有古人认为是庐山千年积雪凝结所至。

近人的解释也是各种各样：有的说是山下灯光的折射，有的说是萤火虫在山下飞舞而形成的，还有的说是山中蕴藏着能发出荧光的矿石。最普遍的是磷火说，即“鬼火”。他们认为是山中数千年来死去的动物骨骼中所含的磷质，或含磷地层释放出来的磷质，在空气中自燃所造成的。但有的研究者认为，磷火说的破绽也不少。一是磷火多贴近地面缓缓游动，不可能上升很高，更不会“高者天半”或“有从云出者”；二是磷火的光很弱，而庐山文殊台和青城山神灯亭的海拔都在千米以上，峨眉金顶更超过3000米，不可能看得那么清晰。

当过海军航空兵的郭宪玉认为佛灯是“天上的星星反射在云上的一种现象”。因为夜间无月亮时，若驾驶飞机在云上飞行，铺天盖地的云层就像一面镜子，从上向下看，不易看到云影，只看到云反射的无数星星。飞行员在这种情况下易产生“倒飞错觉”，就是感到天地不分，甚至感到是在头朝下飞行。由此他联想到在月明星灿的夜晚，若有云层飘浮在庐山大天池文殊台下，天上的星星反射在云上，就有可能出现佛灯现象了。由于半空中的云层高低不一，飘移不定，所以它反射的荧荧星光也不是固定的。也许在这个角度反射这一片，在那个角度就反射另外一片。从而造成佛灯闪烁离合、变化无穷的现象。然而，为什么在其他山区就不能见到这种云反射星光的现象呢？而且就是在庐山、峨眉山和青城山上，也只有特定地点才能一窥佛灯、神灯的风采，可见这种说法尚不足以定论。

也有人认为文殊台紧靠石门涧，石门涧是飞驰跌入谷底的瀑布。佛灯就是由于石门涧瀑布飞溅的水花洒在山谷的云雾中，增加了云雾的湿度，云雾中含的水分增多、密度扩大，在月亮和星光的辉映下产生了反射，因而呈现闪烁的亮光。另外，有人曾经发现庐山的一种菌类遇水发光，含水量越高它的亮度也越亮，因此这些人将佛灯归为生物现象；还有人说庐山出现佛灯的地方，正是由石英岩状砂岩组成的，并有小水晶和活动断层，在月光的照射下小水晶可以发出亮光，故而也有人将佛灯归为地理原因。

不过这些说法都没有科学的佐证，佛灯为何会出现还是一个有争议的话题。

火焰山
——天然的火炉为何如此热?

概　述

吴承恩笔下的火焰山绝非凭空想象出来的，在我国吐鲁番盆地北部确有火焰山的存在。也许这就是《西游记》中火焰山的创作原型。此山终日高温难耐，干燥无雨。是什么原因构成了火焰山如此奇特的地理环境呢?对火焰山的研究，将对我们今后如何进行地下热力资源的开发和利用有极大的帮助。

《西游记》中有这么一段：唐僧师徒四人走到火焰山时便遭遇到火焰的阻拦，从此引出了铁扇公主、牛魔王以及三借芭蕉扇的故事。现在的火焰山，依然屹立在吐鲁番盆地北部，当地人称“克孜勒塔格”，意即“红山”。它绵延100多千米，宽10千米，海拔500多米。

山区气温夏季可达47℃，太阳直射处可达80℃，沙面可烤熟鸡蛋。热浪翻滚，使人透不过气来，山上寸草不生。由于地层堆积比较水平，加上岩层软硬相间，在经年雨水侵蚀下，顺坡形成一条条沟壑。山体侵蚀下来的物质，在山麓前形成红色的洪积扇裙，扇裙前缘在干旱环境下又形成无数多边形龟裂，使山体变得沟壑林立，曲折雄浑，格外引人瞩目。

虽然高温难耐，但火焰山山体却又是一条天然的地下水库的大坝。正是由于火焰山居中阻挡了由戈壁砾石带下渗的地下水，使水位抬高，在山体北缘形成一个潜水溢出带，有多处

泉水露出，滋润了鄯善、连木沁、苏巴什等数块绿洲，从而也造就了这一带的生命。

火焰山为什么这么热？一直以来有几种说法。

第一种说法来自吴承恩，他“认为”火焰山的生成是孙悟空大闹天宫时，孙悟空从太上老君炼丹炉出来后，蹬掉几块带着余火的砖，落到人间形成的。当然这种说法带有神话色彩，无法让人相信。

对于此山的形成还有另一个生动的传说：古时候，天山有一条恶龙经常吃童男童女。一位叫哈拉和卓的青年决心降伏恶龙。他手执宝剑，与恶龙激战七天七夜，终于腰斩了恶龙，并把恶龙斩成七截。死龙不再颤动，变成一座红山，被斩开处变成了山中的峡谷。当然了，这仅仅是传说。

还有一种说法认为火焰山的火，来自地下煤层的自燃。有学者在考察火焰山时曾经发现这一带历史上确实有过烈焰熊熊的时候，这是因为构成山体的地层中含有煤层。其中有的煤层厚达11米，它们曾发生过自燃，近地表较厚的地方，煤层已经自燃殆尽，而且还可以看见那留下的紫红色燃烧结疤。

要知道煤层自燃，在新疆境内并不罕见。硫磺沟煤田火区项目技术人员解释道：如今距离乌鲁木齐市42千米的硫磺沟煤田，自清代光绪年间就是裂隙纵横，浓烟弥漫，岩隙间火焰呼

呼，经年不绝，到如今已经有100多年了。此煤田火区历时4年，于2003年才被扑灭。然而，天山是地质活动较为剧烈的地区，埋在地层中的水平煤层经过多次地质运动，大多变为倾斜煤层，煤层露头后与空气接触，氧化后积热增温，引发自燃，最终酿成煤田火灾。

还有一种猜测，火焰山如此热的原因极有可能是由于地热引起。地热，是由地球物质中所含的放射性元素衰变产生的热量。因为构造原因，地球表面的热流量分布不匀，这就形成了地热异常，这也可能是火焰山这么热的原因了。然而，这仅仅是一种猜想。

还有人认为火焰山的炎热干燥，归因于此地独特的自然地理条件。

现实中的火焰山为天山支脉之一，是天山东部博格达山坡前山带短小的褶皱，形成于五六千万年前的喜马拉雅造山运动时期。山脉的雏形形成于距今1.4亿年前，基本地貌格局形成于距今1.41亿年前，经历了漫长的地质岁月，跨越了侏罗纪、白垩纪和第三纪几个地质年代。亿万年间，地壳横向运动时留下的无数条褶皱带，再加上大自然的风蚀雨剥，便形成了火焰山起伏的山势和纵横的沟壑。

虽然现在火焰山已经不像《西游记》里所说的那么火焰灼灼的，然而独特的地理条件造就了这个世界唯一的大火炉，使它的温度依然不减。解开火焰山火热之谜，对我们今后如何进行地下热力资源的开发和利用有很大的帮助。

神秘的卡什库拉克山洞——让人惊慌失措的魔洞

概　述

让人惊慌失措的神秘山洞位于俄罗斯的西伯利亚地区，当人走进去的时候会无缘无故地感到惊慌失措，不顾一切地冲向洞口，到了有光亮的地方，这些人才会清醒过来，但这时他们却不能解释自己刚才的行为，不明白为什么会惊慌失措地逃跑。

他们说，在那一刻，他们好像都失去了控制自己的能力。这个洞叫卡什库拉克，从外表看，它与周围的洞穴几乎没有差别。可是人们一踏入里面就举步维艰，心也像提到了嗓子眼般的惊慌。

1985年，几位洞穴专家对卡什库拉克洞穴进行了考察。走在队伍最末尾的那名成员讲述了他后来看到的事情：当时他已经在腰部绑好了攀登绳，突然感到一阵麻木。本想快些爬出洞口，可又有一种不可抗拒的力量让他回头去向后面的黑暗望了一眼，只见身后离他几步远的地方有一个怪怪的身影：一顶有角的皮帽、闪闪发光的眼睛和飘浮不定的外衣。洞中的

老人默默地向他招手，要他跟着走。他真的仿佛受到了蛊惑，没有意识地朝洞穴里走，但他及时地清醒过来，慌忙从卡什库拉克洞穴逃了出来。

那么，卡什库拉克洞穴里到底有什么？人们为什么会有惊慌失措的感觉，继而想拼命逃跑呢？有人猜测是人在漆黑的地下所产生的幻觉。有人说山洞里可能存在某种化学物质，它与空气混合后，给身处黑暗中的人造成了各种压力和幻觉。也有人说这与全息照相术有关。在某种特定的时间和物理条件下，山洞墙壁能将从前记录下的吻合信息显现出来，就像是在显示一幅照片。当然，这不过是个大胆的猜测。

科学家经过对卡什库拉克洞穴进行多次研究，他们解释说山洞中死一般的寂静、伸手不见五指的黑暗、零恒温、空气不流通的环境会使人触觉消失。据说，人只要在这样的环境下呆一个半小时至两个小时，就会产生幻觉，“看到”鬼怪等虚幻的人物。后来，探险家在卡什库拉克洞安置了磁力仪。他们发现，仪器的刻度盘上的数字在不停地变化。这就是说，洞穴的电磁场经常在变化。而在他们捕捉到的众多信号中，有一股从山洞内部发出的固定脉冲总在一定时间出现。科学家发现，这股脉冲出现的时间同人神经质和转化为恐惧的压抑心情出现的时间相吻合。说明这股脉冲是影响人们心理，让人们产生恐惧心理和无法控制的行为的罪魁祸首。而且，到了洞穴深处，不仅是人，就连居住在那里的鸽子、蝙蝠也会骚动不安，在山洞里乱飞。但是脉冲是从哪里发出来的，科学家搜遍了山洞的角落，还是一无所获。

令人迷惑的无底洞——地球上面的漏斗

概 述

地球是圆的，由地壳、地幔和地核三层组成，真正的“无底洞”是不应存在的，然而事实上地球上确实有这样一个“无底洞”。人们花了大量的时间，使用了各种手段也没有找到它的出口。

地球上是否真的存在“无底洞”？按说地球是圆的，由地壳、地幔和地核三层组成，真正的“无底洞”是不应存在的，我们所看到的各种山洞、裂口、裂缝，甚至火山口也都只是地壳浅部的一种现象。

然而事实上地球上确实有这样一个“无底洞”。它位于希腊亚各斯古城的海滨。由于濒临大海，在涨潮时，汹涌的海水便会排山倒海般地涌入洞中，形成一股股息流。据测，每天流入洞内的海水量达3000多吨。奇怪的是，如此大量的海水灌入洞中，却从来没有

把洞灌满。曾有人怀疑，这个“无底洞”，会不会就像石灰岩地区的漏斗、竖井、落水洞一类的地形。20世纪30年代以来，人们就做了多种努力企图寻找它的出口，却都是枉费心机。为了揭开秘密，1959年美国地理学会派出一支考察队，他们把一种经久不变的深色染料溶解在海水中，观察染料是如何随着海水一起沉下去的。接着又察看了附近海面以及岛屿上的各条河、湖，满怀希望地去寻找这种带颜色的水，结果令人失望———难道是海水量太大，把有色水稀释得太淡，以致无法发现？

几年后他们又进行了新的试验，他们制造了一种浅玫瑰色的塑料小粒。这是一种比水略轻，能浮在水中不沉底，又不会被水溶解的塑料粒子。他们把1300千克重的这种肩负特殊使命的物质，统统掷入到打旋的海水中，片刻工夫，所有的小塑料粒就像一个整体，全部被无底洞吞没。他们设想，只要有一粒在另外的地方冒出来，就可以找到“无底洞”的出口了。然而发动了数以百计的人，在各地水域整整搜寻了一年多以后，他们仍一无所获。至今谁也不知道为什么这里的海水会没完没了地“漏”下去，这个“无底洞”的出口又在哪里，每天大量的海水究竟都流到哪里去了。

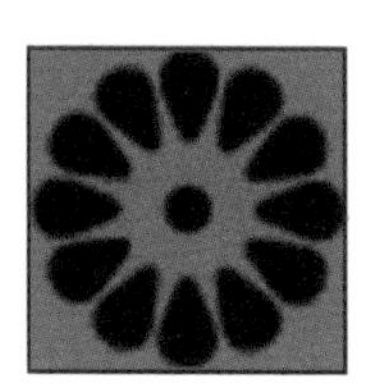

神秘的冰洞
——一百万年的冰洞不融化之谜

概 述

在山西省宁武县，流传着一个古老的传说：在当地的一座深山中，有一个冬暖夏凉，千万年都没有融化的冰洞，冰洞中挂满了冰锥和厚厚的冰层。然而山西宁武县是一个四季分明的地方，为什么会存在这样神奇的洞穴呢？

在山西宁武县，有一个古老的传说：在一座深山中有一个千万年都没有融化的冰洞，冰洞中挂满了冰锥，有着厚厚的冰层。然而山西宁武县是一个四季分明的地方，会存在这样神奇的洞穴吗？

为了确认这个传说是真是假，在宁武县旅游局工作的闫鹏一直在寻找传说中的万年冰洞。最终，闫鹏在管涔山发现了这个冰洞。冰洞距地面100多米，冰洞内有冰瀑、冰钟、冰帘、冰笋、冰人、冰花……形成了一个非常壮观的冰宫殿，后来经过人们的开发又形成了上下五层的冰洞，此外还有冰梯、冰桥供人们参观。

冰洞中的温度基本维持在0℃左右，即使是初夏或寒冷的季节，冰洞的温度也没有多少变化。更令人惊奇的是，在盛夏的时候，冰洞外鲜花烂漫、绿树成荫，而洞内却是坚冰不化；冬天，洞外温度能达到零下30多摄氏度，然而站在洞内，因为没有风反而温暖了许多。这也就有了“冬暖夏凉”的感觉。

但是以宁武县的气候条件本不可能存在不会融化的冰洞，那么，这冰洞又是怎么形成的呢？为什么夏天也不会融化呢？

考察冰洞的科学家说，这个冰洞不是人造的。而且专家还推测，这个冰洞已经有100多万年的历史了。如果说这个天然的洞穴是100多万年前由

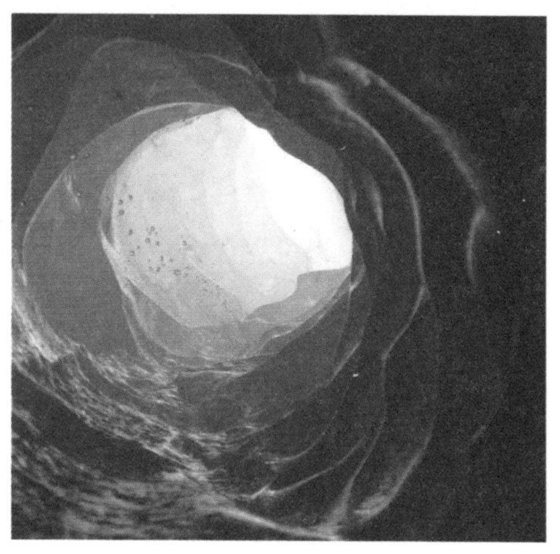

水冲刷形成的，可为什么这个并不符合结冰条件的洞里现在却结满了冰？这么大数量的冰又是什么时候形成的呢？

专家经过对宁武县周边的环境和气候的调查，发现宁武县虽然不适合冰洞的形成，但是由于管涔山的海拔达到了2000多米，而洞口所处的位置在山的阴面，这对冰的常年不化都起到了一定的保护作用，而整个洞呈正口袋的形状，能够使洞内外的热量不进行交换，对洞内温度的保持起到了很好的作用，减少了外界热量对冰的损害。但是，即使有了这些外在的保护因素，可是这么大面积的冰究竟是如何形成的呢？

有人认为是冰川运动时，由于大量的冰涌进了一个冲刷形成的山洞里形成了冰洞。专家观察冰洞以后，发现冰洞中的冰有非常奇特的再生能力，一旦因为雨水溶蚀或冰层融化导致冰量减少，它就会进行自我修复，并且能自动地恢复原貌。但是冰川学说的解释是冰一旦融化，就不会自动再生。因此是由冰川形成冰洞的看法也存在漏洞。

比较被人认可的说法是地热负异常说。它认为越往地下走，温度越低，低得可以制冷，并且制造出大容量的冰来。因此有人认为冰洞的深处可能存在某种制冷机制。它不仅能保持洞中的温度，并且仍在不停地结冰，再加上相对较高的地理位置，以及洞口位置的巧合，因此，形成了这么一个神奇的冰洞。

但是这只是一种猜想，并没有被证实。不过随着科学的发展、新的理论观点的出现，人们的认识和思维都会有所突破，总有一天人们会对冰洞的形成有更加科学系统的解释。

神出鬼没的神秘岛——海岛中的幽灵

概 述

在茫茫的大海中，有这样一种小岛，它们时隐时现，神出鬼没，如同幽灵一般，在挑逗着航海的人们。

1933年4月，法国考察船“拉纳桑”号来到南海进行水文测量。他们在海上不停地来回航行，进行水下测量的作业。突然，船员们见到在上一回驶过的航道上竟矗立起一座无名小岛，岛上林木葱茏，水中树影婆娑。可在半个月后，当他们再来这里测量时，却又不见了这个小岛的踪影。对于这个时有时无、出没无常的神秘小岛，大家都莫名其妙、不解真情，只好在航海日志上注明：这是一次“集体幻觉”。

3年后，即1936年5月的一个夜晚，一艘名叫“联盟”号的法国帆船航行在南海海域。这艘新的三桅帆船准备开往菲律宾装运椰干。“正前方，有一个岛！”在吊架上望的水手突然一声呼叫，顿时惊动了船上的所有船员。船长苏纳斯马上来到驾驶台，用望远镜进行观察。他清清楚楚地看到了一个小岛。他感到纳闷，航船的航向是正确的，这里离海岸还有250海里，过去经过这里时未见过这个小岛，难道它是从海底突然冒出来的吗？可是岛上密密的树影，又不像是刚冒出海面的火山岛。船长命令舵手右转90°，吩咐水手立即收帆。就这样，“联盟”号缓缓绕过了一座神秘的小岛。这时，船员们都伏在右舷的栏杆上，注视着前方。朦胧的夜色映衬着小岛上摇曳的树枝，眼前出现的事，真如梦境一般。此时，船上航海部门的人员赶紧查阅海图，进行计算，确定船的航向准确无误，罗经、测速仪也工作正常。再查看《航海须知》，可那上面根本就没有这片海域有小岛的记载，而且，每年都有几百、上千条船经过这里，它们之中谁也没有发现过这个岛屿。忽然，前面的岛屿不见了，可过了

一会儿，它却又在船的另一侧出现了！

船长和他的船员们紧张地观察着出现在他们面前的如同黑色幕布般的阴影。突然一声巨响，全船剧烈地摇晃起来。紧接着，船体肋骨发出了嘎吱嘎吱的声响，桅桁和缆绳相扭结着，发出阵阵的断裂声。一棵树哗啦一声倒在了船首，另一棵树倒在了前桅旁边，树叶飒飒作响，甲板上到处是泥土，断裂的树枝、树皮和树脂的气味与海风的气味混杂在一起，使人感到似乎大海上冒出了一片森林。船长本能地命令右转舵，但船头却突然一下子翘了起来，船也一动不动了。船员们一个个惊得目瞪口呆。显然，船是搁浅了。天终于亮了，船员们终于看清大海上确实有两个神秘的小岛，“联盟”号在其中的一个小岛上搁浅了，而另一个小岛约有150米长，它是一块笔直地直插海底的礁石。好在船的损伤并不严重。船长吩咐放两条舢板下水，从尾部拉船脱浅。船员们在舢板上努力划桨，一些人下到小岛使劲推船，奋战了两个多小时，“联盟”号终于脱险。

“联盟”号缓缓地驶离小岛。两个小岛渐渐消失在人们视野之中。这一场意想不到的险恶遭遇，使全船的人都胆颤心惊。精疲力竭的船员们默默地琢磨着这一难解之谜。“联盟”号刚一抵达菲律宾，船长苏纳斯就向有关方面报告了他亲身经历的这次奇遇。当地水道测量局等有关单位的人员听后说，在这片海域从来也没有发现过岛屿。其他船上的水手们也以怀疑的态度听着“联盟”号船员的叙述。显然，大家都认为这是“联盟”

号船员的集体幻觉。船长苏纳斯不想与他们争辩。他决定在返回时再去寻找这两个小岛，记下它们的准确位置。开船后两天，理应见到那两个小岛了，他却什么也没有见到。他们在无边的大海上整整转了6个小时，还是一无所获，两个小岛已经消失得无影无踪。苏纳斯虽有解开这个谜的愿望，但他不能耽搁太久，也不能改变航向，只好十分遗憾地驶离了这片海区。

在19世纪30年代，有艘轮船在地中海西西里岛南面海域航行，海员们看到前面一大片海水在沸腾，波涛汹涌，雷声隆隆，突然升起一个高20多米、宽700多米的水柱，不久又升起水蒸气烟柱，冲向500多米的高空。到了晚上，远远看去，烟柱里红光闪闪，火焰翻滚，把海面也照亮了。一周后，海员们又路过这里，看到海面上漂浮着大量浮石和死鱼，前面新添一座8米高的小岛，蒸气烟柱还在喷发。当时，人们就叫这个岛为格雷汉姆岛。又过了一周，当地质学家霍夫曼来到岛屿附近考察时，发现它已高出水面20多米了。再过了10天，这个小岛已高出海面60米，岛的周围长1.8千米。奇怪的是，这个海岛在4个月后却消失不见了。后来，它又几经沧桑，曾多次出现和消失，最近一次出现是在1950年，可是不久，它又消失了。

因为格雷汉姆岛忽隐忽现，出没无常，所以人们又叫它“幽灵岛”。这种海上的“幽灵岛”在爱琴海的桑托林群岛、冰岛、阿留申群岛、汤加海沟附近海域曾多次出现过，这些都是海底火山玩的“魔法”。

喜欢旅行的赛布尔岛——大西洋的墓地

概　述

赛布尔岛是大西洋上面喜欢旅行的小岛，但是同时也是十分危险的小岛，据统计，在塞布尔岛沉没的船只达500多艘，先后有5000余人在此丧命。因此，这一带海域被人们称为“大西洋墓地”、“毁船的屠刀”、“魔影的鬼岛”、“航船的坟场”等。时至今日，人们还是无法知道那么多的海船为什么会在这里悄然消失，走向死亡。

在大西洋有一个既“喜欢”旅行又十分危险的小岛——塞布尔岛，它被人们形象地称为“大西洋的墓地”。它还是世界上最危险的“沉船之岛”。

塞布尔岛海拔不高，只有在天气晴朗的时候，才能望见它露出水面的月牙形身影。它由泥沙冲积而成，全岛到处是细沙，不见树木。小岛四周布满流沙浅滩，水深约有2～4米。船只只要触到四周的流沙浅滩，就会遭到翻沉的厄运。人们曾亲眼目睹几艘排水量5000吨、长度约120米的轮船，误入浅滩后两个月内便默默地陷没在沙滩中。

1898年7月4日，法国“拉·布尔戈尼号”海轮不幸触沙遇难。美国学者别尔得到消息，自认为船员们可能已登上塞布尔岛，便自费组织了救险队，登上该岛。可呆了几个星期，连一个人影也没有发现。历史资料表明，从遥远的古代起，在塞布尔岛那几百米厚的流沙下面，便埋葬了各式各样的海盗船、捕鲸船、载重船以及世界各国的近代海轮。

由于岛上浅沙滩经常移动位置，

因此人们偶有机会在沙滩中发现航船的残骸。19世纪，一艘美国快速帆船下落不明，直到20世纪50年代前，那艘帆船的木船身才从海底露出。然而三个月后，船体上又堆上了30米高的沙丘。

1800年，在新斯科舍半岛发现了不少金币、珠宝及印有约克公爵家徽的图书和木器。而这些物品是渔民从塞布尔岛上换来的。这事引起英国政府的注意。因为当年开往英国的“弗莱恩西斯号”，从新斯科舍半岛启航后，便杳无音信。

英国海军部认为，弗莱恩西斯号遇难后，船员可能登上塞布尔岛，而被当地居民杀死，船上财物被洗劫。后来的调查最终搞清了真相：船员与船一同被无情的海沙所吞没。

几个月后，英国的“阿麦莉娅公主号”又沉陷于塞布尔岛周围的流沙中，船员无一生还。另一艘英国船闻讯赶来救援，不料也遭同样厄运。英国政府大为震惊，立即决定在岛上建造灯塔，设立救生站。

1802年，在塞布尔岛上建立了第一个救生站。救生站仅有一间板棚，里面放着一艘捕鲸快速艇，板棚附近有一个马厩，养着一群壮实的马。每天有四位救生员骑着马，两人一组在岛边巡逻，密切注视着过往船只的动向。

救生站建立后，发挥了巨大作用。1879年7月15日，美国一艘排水量2500吨的“什塔特·维尔基尼亚号”客轮载着129名旅客从纽约驶往英国的格拉斯哥，途中因大雾不幸在塞布尔岛南沙滩搁浅，但在救生站的全力营救下，全体船员顺利脱险。

1840年1月，英国的“米尔特尔号”被风暴刮进塞布尔岛的流沙浅滩，由于他们求生心切，在救援人员还未赶到时纷纷跳海，结果全部丧命。两个月之后，空无一人的米尔特尔被风暴从海滩中刮到海面，在亚速尔群岛又一次搁浅时，才被人们发现。

现在的塞布尔岛已经建立了相应的救生站、灯塔等，还备有直升飞机。路过塞布尔岛的船只罹难事件已经大大减少。

但是，塞布尔岛为何有那么多流沙，流沙从何而来一直是个谜。而塞布尔岛的流沙只是浅沙滩，为何能够吞没那么多巨型船只，为何浅沙滩经常变换位置，这些还没有明确答案。

【科学探索丛书】

◎ 出版策划　膳書堂文化

◎ 组稿编辑　张　树

◎ 责任编辑　王　珺

◎ 助理编辑　朱　延

◎ 封面设计　膳书堂文化

◎ 图片提供　全景视觉

图为媒

上海微图